뱀부학개론

구민사

박상화

- 소상공인시장진흥공단(피부미용) 기술전수컨설턴트
- 아띠마린enc 대표원장
- 건국대학교 일반대학원 화장품공학과 박사과정
- (사)한국피부미용사회중앙회 강남서초구지회 부지회장
- 국가기술자격시험(검정) 피부미용 감독위원
- 뷰티디자인학과 외래교수

이혜원

- (사)한국피부미용사회중앙회 기술강사
- 강릉 오죽 뷰티힐링센터 총괄센터장
- 엘로이에스테틱 대표원장
- (사)한국피부미용사회중앙회 강원도지회 지회장
- 뷰티미용학과 외래강사

김미연

- (사)한국피부미용사회중앙회 기술강사
- 연뷰티앤헬스 대표원장
- 건국대학교 산업대학원 향장학과 석사
- (사)한국피부미용사회중앙회 강원도지회 감사
- 국가기술자격시험(검정) 피부미용 감독위원
- 뷰티디자인학과 외래교수

실기 영상 링크

1. 신체전면 복부관리 https://youtu.be/ECut3Cj6nk4
2. 신체후면 다리관리 https://youtu.be/S8HDyqc4AMY
3. 신체후면 등관리 https://youtu.be/qfYVK-doyGc
4. 얼굴관리 https://youtu.be/NtsEkfkoO1I

뱀부학개론

초판 인쇄 2020년 10월 20일
초판 발행 2020년 10월 30일

| 저 자 | 박상화 · 이혜원 · 김미연
| 발 행 인 | 조규백
| 발 행 처 | 도서출판 구민사
(07293) 서울특별시 영등포구 문래북로 116, 604호(문래동3가 46, 트리플렉스)
| 전 화 | (02) 701-7421
| 팩 스 | (02) 3273-9642
| 홈페이지 | www.kuhminsa.co.kr
| 신고번호 | 제 2012-000055호 (1980년 2월 4일)
| I S B N | 979-11-5813-865-3 [93590]

| 정 가 | 24,000원

뱀부학개론

박상화·이혜원·김미연

구민사

contents

목 차

I

뱀부(대나무) 테라피

PART 01 뱀부테라피 입문 010

Ch. 01 뱀부의 정의 011
Ch. 02 뱀부테라피의 역사와 종류 027
Ch. 03 뱀부테라피 기초지식 및 과학적 원리 033
Ch. 04 뱀부 알맞게 사용하기 039

PART 02 뱀부테라피 실전 테크닉 042

Ch. 01 뱀부테라피 매뉴얼테크닉 043
Ch. 02 수행 전 뱀부테라피 위생관리 067

PART 03 뱀부테라피 테크닉 수행하기 070

Ch. 01 뱀부테라피 테크닉 수행 순서 071
Ch. 02 실전 뱀부테라피 매뉴얼테크닉 077

II

NCS (국가직무능력표준)

Ch. 01 피부미용 고객 상담 118
Ch. 02 피부미용 피부분석 121
Ch. 03 피부미용 몸매분석 127
Ch. 04 피부미용 위생관리 131
Ch. 05 피부미용 뱀부테라피 134

Ch. 06 신체 피부미용 전면관리 136
Ch. 07 신체 피부미용 후면관리 139
Ch. 08 피부미용 고객마무리관리 142

III

보완대체요법

(피부미용측면에서의 테라피 종류)

PART 01 매뉴얼테크닉(수기)을 이용한 테라피 정의 150

Ch. 01 신체순환 경락매뉴얼테크닉 151
Ch. 02 스웨디시테라피 152
Ch. 03 아로마테라피 153
Ch. 04 딥티슈테라피 155
Ch. 05 로미로미테라피 156
Ch. 06 림프드레나지(Lymph- drainage) 157

PART 02 도구를 이용한 테라피 정의 160

Ch. 01 뱀부테라피 161
Ch. 02 스톤테라피 163
Ch. 03 괄사(Gua Sha)테라피 165
Ch. 04 골드온열테라피 166

IV

수행 전 테라피에 대한 인체기초 지식

PART 01 기초 피부미용학 170

Ch. 01 피부학(Dermatology) 171
Ch. 02 해부생리학(Anatomy-Physiology) 183
Ch. 03 순환계(Circulatory system) 220

prologue

머리말

피부관리사에게 관리실에서 일한 지 몇 년이 지나면 여러 가지 직업병(근골격계질환, 손목터널증후군 등)이 시작되어 중간에 그만두는 일들이 발생한다. 피부관리사로 일하는 동안 안고 가야할 문제점이라고 생각한다. 그렇다면 손가락, 손목관절이 아프지 않는 신체관리법이 있을까? 필자는 약 20년 동안 피부관리실을 운영하면서 그 해답을 뱀부테라피에서 찾을 수 있었다. 5년 전 뱀부(대나무)테라피(/이하 뱀부테라피)를 처음 접한 뒤, 그 매력에 푹 빠져 뱀부테라피에 관한 연구를 시작했다. 하지만 참고서적과 관련논문이 많지 않아 어려움이 있을 때마다 다른 교수들과 함께 연구하고 임상결과를 확인하여 논의하며 이를 극복했다.

실전 테크닉의 고수인 김미연 교수와 약 3년 동안 함께 일하면서 뱀부테라피에 대한 연구를 끊임없이 토론하며 테크닉 용어를 정리하였다. 또한 참고 가능한 서적과 관련논문을 찾아보며 뱀부테라피에 대한 내용을 5년간의 연구 끝에 세부내용을 책으로 완성시킬 수 있었다. 뱀부테라피 연구 중에 이혜원 강릉오죽뷰티힐링센터 총괄센터장과 미국 시카고에서 진행된 시데스코 총회에 다녀오면서 뱀부테라피에 대한 이야기를 나누었고 뱀부테라피를 우리나라 관광특화사업으로 발전시키는 과정이라 뱀부테라피에 대한 책이 꼭 필요하다고하여 공동집필하게 되었다. 강릉오죽뷰티힐링센터에서도 이미 많은 연구가 진행되었던 상태라서 서로 연구한 부분을 토론하며 정리하였다. 또한, 보완대체요법 피부미용측면에서 마사지테라피의 종류에 대한 논문집필과 뱀부테라피집필이 함께 진행되어 깊이 있고 폭 넓은 연구를 할 수 있었다. 두 분과 인연이 되어 처음 집필하는 책이지만 뱀부자료와 강릉 오죽뷰티힐링센터에서 진행되고 있는 시그니처프로그램 뱀부테라피에 대한 정보를 아낌없이 제공해주어 우리나라 뱀부테라피를 국내·국외로 널리 보급하고 발전시킬 수 있는 계기가 되어 더욱 의미가 깊었다.

뱀부테라피는 뱀부를 사용하여 인간 본연의 자연치유능력과 면역능력의 활성화를 유도하여 문제를 개선하므로 현대인들에게 꼭 필요한 테라피라고 할 수 있다. 최근 건강하고 완전한 삶을 추구하는 라이프 스타일 트렌드와 맞물려 국내의 뱀부테라피에 대한 관심이 높아지고 있으며, (사)한국피부미용사회중앙회의 NCS(National Competency System)피부미용 능력단위 중 특수 관리에 뱀부테라피가 포함되면서 표준화되었다.

뱀부테라피는 신체전면, 후면관리 시 관리사의 손과 손목에 무리를 주지 않으면서 고객의 만족도는 배가 되게 하는 효과가 있다. 뱀부테라피를 활용하게 되면 매뉴얼테크닉(수기)은 사용하지 않아도 되기 때문에 손가락 관절에 더 이상 통증을 느낄 필요가 없다. 그렇지만 제대로 된 뱀부테라피 테크닉은 필요하다. 이 책에 나와 있는 기본이론과 실전테크닉을 완전히 익혀 둔다면 고도의 뱀부테라피스트가 되어 있을 것이다.

이 책은 피부미용 산업현장에서 필요한 NCS 기본지식과 실전테라피 위주로 구성하였으며, 뱀부테라피를 수행하기 전에 알아야 할 뱀부에 대한 기초이론과 실전테라피 수행 시 테크닉에 필요한 부분을 집중적으로 상세하게 기술하였다. 또한 피부미용 산업현장실무에 관한 기초이론과 뱀부를 테라피에 접목하여 NCS 수행에 필요한 피부미용 지식을 다루고 있으며, 이를 바탕으로 미용현장에서 고객상담 및 고객관리 등의 전반적인 직무에 체계적으로 활용함으로써 피부미용전문가가 되는 데 도움이 될 수 있도록 하였다. 뱀부테라피에 관심이 있고 피부미용을 전공하는 많은 사람들에게 도움이 될 수 있기를 바란다.

끝으로 책이 완성되어 출판되기까지 도움을 주신 김교수님, 이교수님, 가족(욱, 휘), 강릉오죽한옥마을 뷰티힐링센터의 총괄센터장님 등 도움을 주신 모든 분들께 진심으로 감사드리며, 도서출판 구민사 조규백 대표님, 직원 분들께 깊은 감사를 전합니다.

저자일동

I

뱀부(대나무) 테라피

PART 01 뱀부테라피 입문

PART 02 뱀부테라피 실전 테크닉

PART 03 뱀부테라피 테크닉 수행하기

뱀부테라피 입문

01

PART

Ch# 01

뱀부의 정의

뱀부(대나무, Bamboo)는 자연에서 쉽게 얻을 수 있는 피부미용 테라피를 위한 도구이다. 자연 그대로의 도구인 대나무를 적용하여 뱀부테라피 실행을 위한 기본적인 내용과 활용방법에 대하여 알아본다.

1 뱀부(대나무)의 분포지역

대나무는 주로 열대, 아열대, 온대 남부지역을 중심으로 전 세계적으로 약 70속 1,200종이 약 22,000km^{2}의 면적에 분포하고 있으며 연간 생산량은 약 15~20만 톤으로 추정된다. 우리나라에 자생하는 대나무는 약 5속 19종으로 왕대와 솜대는 강원도 양양에서부터 동해안을 따라 강릉, 삼척으로 이어져 경북 안동과 김천을 거쳐 충북지역의 영동, 전북지역의 무주 및 충남 지역의 부여, 태안으로 연결되는 지역에 분포하고 있으며 재배 가능 지역은 일부 남부지역으로, 특히 경남 거제지역은 우리나라 맹종죽의 80% 이상을 생산하는 주산지이다. 오죽(Black Bamboo)은 강원도 강릉의 대표 작물 중의 하나이다. 우리나라 대나무림 면적은 전체 24,111ha이며 지역별 분포 면적은 전남지역이 약 36%, 경남 지역이 약 33%로 우리나라 전체 대나무림 면적의 약 69%를 차지하고 있고 그 중 유용 대나무종의 분포 면적은 22,998ha로 죽종혼효(10,509ha), 왕대(6,023ha), 솜대(6,175ha) 및 맹종죽(219ha)이 분포하고 있다. 대나무는 벼과와 아과인 대나무아과에 속하는 상록식물로 생장이 빠르고 경작이 용이하며 벌목주기가 짧고 목재와 비교하여 가격이 저렴하다는 장점을 가지고 있다. 대나무의 1시간 동안 생장 속도는 소나무가 30년 동안 생장하는 길이에 해당되고 소나무는 줄기 끝에만 생장점이 있는 반면 대나무는 마디마다 생장점이 있어 매우 빠르게 자라기 때문이다. 대나무처럼 마디가 있는 식물은 지베렐린(gibberellin)과 옥신(auxin)이 함께 분비되어 길이 생장이 촉진되고 빠른 생장 속도로 인해 줄기의 벽을 이루는 조직은 대단히 빠르게 늘어나지만 속을 이루는 조직은 세포 분열이 느리기 때문에 대나무의 속이 텅 비게 되는 것이다.

❷ 뱀부(대나무)의 개념

대나무는 바위가 있고 그늘진 척박한 땅에서는 자라지 않으며 고온다습하고 비옥한 땅에서 자라는 벼과 식물이다. 예로부터 뿌리부터 잎까지 약용으로 활용도가 높았다. 〈동의보감(東醫寶鑑)〉, 〈신농본초경(神農本草經)〉 및 〈본초강목(本草綱目)〉에서 중풍과 고혈압 치료에 탁월한 효과가 있다고 기록되어 있다. 대나무에서 생산되는 부산물인 죽초액과 죽력 등 제품의 기능성이 입증되면서 대나무 생산량은 점차 증가되었다. 추운 겨울에도 푸른빛을 잃지 않는 대나무는 매화, 난초, 국화와 함께 사군자 중 하나이며 사시사철 청정 불변하는 상록과 곧고 강인한 줄기 때문에 충신과 절개에 비유되어 왔다. 줄기는 비어있으나 곧은 마디에 의해 절조가 있고 투철한 정신이 뚜렷하여 허식이 없고 사계절을 통하여 변치 않는 아름다운 줄기와 잎의 푸르름 때문에 군자에 비유되어 왔다. 효도와 정절의 상징으로 문인들은 대나무를 선호하였으며 대나무 수묵화를 그리면서 자신의 품격을 드러냄과 동시에 심신의 수양을 도모하는 것에서 대나무의 윤리적 상징성을 찾아볼 수 있다. 유교나 불교의 구도자들은 대나무를 자신의 본성을 기원하는 굽힘 없는 의지와 청정한 정신세계로 상징해 왔으며 마른 대나무나 늙은 대나무, 혹은 꺾인 대나무가 늠름하게 서 있는 모습은 불굴의 정신을 상징했다. 이렇듯 대나무는 사상과 문화 속에서 상징적 의미들을 내포하고 있다.

❸ 우리나라에 서식하고 있는 뱀부(대나무)의 종류

전 세계에 400여 종류가 분포하며 우리나라에는 왕대속·해장죽속·조릿대속·이대속의 4속이 있다.

1) 왕대속(Phyllostachys)

잎 집이 일찍 떨어지며 줄기가 대형이며 눈은 각 마디에 2개씩 난다. 세계적으로 40여 종이 있으며 중국과 인도, 일본, 유럽, 북아메리카에 있으며, 한국에는 중부 이남에서 죽순대, 오죽, 솜대, 반죽, 관암죽, 왕대의 6종류가 자란다. 죽순은 식용한다.

[그림 1-1] 왕대속

(1) 오죽(烏竹, Phyllostachys nigra, Black Bamboo)

오죽은 벼과 왕대속에 속하는 여러해살이 식물이며 강원도 강릉의 대표작물 중의 하나로 흑죽, 분죽이 있으며 전통적으로 한약과 식품 및 화장품 제조에 이용한다. 중국이 원산지로 높이 약 7m로 줄기의 색은 처음에는 녹색이나, 가을 무렵부터 멜라닌 색소가 증가하여 검정으로 변하고 색의 농담이나 변하는 방식은 입지에 따라 다르며 양지바른 건조지에서는 선명한 검정색을 띤다. 키는 10m, 지름 5~8㎝ 정도이며, 줄기는 검고 피침형의 잎이 보통 1~5개씩 달리는데 길이가 약 10㎝ 정도로 끝은 뾰족하고 가장자리에는 잔 톱니가 있다. 꽃은 수술, 암술이 모두 있는 양성화와 어느 한쪽만을 가지는 단성화가 섞여 나며 암술은 3개이고 죽순은 4~5월에 나온다.

첫해는 줄기의 색이 초록색이나 2년째부터 검은 자색이 짙어져서 검정색으로 변한다. 우리나라에서 자생되고 있는 5속, 18종의 대나무 중 성분 연구가 많이 되어 있거나 활용도가 높은 왕죽, 맹종죽, 조릿대, 솜대 등에 비해서 오죽은 아직까지 조경수 이외의 활용에는 미비한 실정이다. 본초강목에는 오죽의 죽순에 대해서 쓴맛이 있고 차가운 기운이 있어 잠을 자지 못하는 것을 치료하고, 열황, 소갈을 치료하는 데 효능이 있다고 기록되어 있다. 줄기가 처음에는 녹색으로 시작하여 다음 해부터 검기 시작하면서 완전히 검정색이 되고 곧게 자란다. 약 60년 주기로 개화, 결실한 후 죽으며 우산, 부채, 책상, 서가 등의 죽세공 재료로 많이 이용한다.

더 알아보기

• 오죽의 문헌적 효능

오죽(烏竹)하면 연상되는 것이 강릉 오죽헌으로 신사임당과 율곡 이이가 태어난 곳으로 유명하다. 오죽은 속명으로 자죽(紫竹), 수죽자(水竹子), 약죽(若竹)이라 불리며 한방과 민간에서 전주(全株), 잎 및 죽순을 구토, 소염, 경간, 주독, 유산, 익기, 객토혈 급창, 보약, 파상풍, 발한, 진통, 중풍 등 약재로 쓰인다. 본초강목에 따르면, 고죽엽(오죽잎)은 성질이 서늘하여(冷) 맛이 쓰고(苦) 독이 없고, 잠 못 자는 것을 낫게 하며 소갈을 멈추고 술독을 풀며 번열을 없애고 땀을 내며, 중풍으로 말을 못하는 것도 낫게 한다고 되어 있다. 댓잎은 맛이 쓰고 성질이 차서 해소와 상기, 종양, 해열, 상충에 효과가 있다고 되어 있고 죽력은 뇌졸중과 심신안정에 탁월한 효능이 있다고 전해 온다. 그 외 의학서적에도 관란, 토혈, 거담, 중풍, 당뇨, 두통, 고혈압, 현기증, 신경쇠약, 임신빈혈, 간질, 불면, 과다음주, 피로 회복 등에 신비한 효능이 있다고 기록되어 있다. 오죽과 양배추의 함유성분을 비교하여 보면 단백질은 양배추의 2배이고, 비타민 A는 무려 50배가 넘는다. 이 밖에도 여러 가지 아미노산을 함유하는데 질소화합물로서는 티로신, 아스파라긴산, 글루타민산, 알라닌 등이 많고, 화합물로서는 과당, 포도당, 저당 등의 성분을 함유하고 있다.

• 오죽헌

신사임당의 위패가 모셔진 강원도 강릉시 오죽헌 주위의 오죽이 유명하다. 또한 오죽(烏竹)은 인내와 절개의 상징이고 검정색을 띠고 있어 그 위엄과 기품이 깊이를 더할 뿐만 아니라 자기만의 색을 갖고 있음에 의미가 더 깊다. 검은빛 속에는 헤아릴 수 없을 만큼 넓고 심오함이 배어 있고 근엄하면서도 위엄이 있으며 또한 그 검은 빛깔에는 포근함과 따사로움이 느껴진다.

[그림 1-2] 오죽

① 솜대(P. nigra var. henonis)

오죽의 변종으로 처음은 흰 분으로 덮였다가 황록색으로 된다. 약 60년 주기로 개화, 결실 후 죽는다. 적갈색의 연한 죽순은 식용하고 죽력(竹瀝)은 약용으로 이용되며 큰 줄기는 건축과 죽세공재로 쓴다.

② 반죽(P. nigra for. punctata)

오죽의 품종으로 환경에 따라 색이 다르며 황색 바탕에 흑색 반점이 있다. 꽃은 6~7월에 원추꽃차례로 피며 많은 작은 꽃 이삭이 촘촘히 달린다. 약 60년 주기로 개화, 결실 후 죽는다. 죽세공재와 지팡이로 쓰이고 관상용이다.

③ 관암죽(P. comprossa)

가지의 첫 마디가 편평하게 눌려져 있고 초상 엽에 잔털이 있는 것이 특징이다. 꽃은 원추꽃차례로서 작은 꽃 이삭이 여러 개 달린다. 죽순은 식용, 약용으로 사용하고 건축, 죽세공재로 사용한다.

(2) 해장죽속(Arundinaria)

잎 집이 오랫동안 떨어지지 않고 눈은 각 마디에 가지가 3개 이상이다. 한국 · 중국 · 일본 등 동아시아의 온대 지역에 150여 종이 분포하고 한국에는 중부와 남부에 해장죽 1종이 자란다.

① 해장죽(A. simonii)

높이 6~7m, 지름 1~3cm로서 마디가 긴 편이며 처음에 덮여있던 흰 분은 점차 없어지고 녹색이다. 꽃은 5월에 피고 원추꽃차례로서 작은 꽃 이삭에 5~14개가 달리고 꽃자루에 털이 있다. 죽순은 식용하고 부채와 낚싯대를 만드는 데 사용한다.

(3) 조릿대속(Sasa)

잎 집에는 부드럽거나 딱딱하고 긴 털이 있으며 꽃 이삭의 자루가 길다. 한국, 중국, 일본 등 동아시아에 200여 종이 분포하고, 한국에는 충청북도와 평안북도를 제외한 전역에 고려조릿대, 섬조릿대, 제주조릿대, 조릿대, 갓대, 섬대의 6종류가 자란다.

① 고려조릿대(S. coreana)

한국 특산종으로 뿌리줄기는 짧고 엉켜서 뻗으며 마디사이가 짧으면서 가지가 많이 갈라진다. 섬 조릿대와 비슷하나 잎이 보다 작고 가지가 많이 나는 것이 다르다. 잎은 약용에 쓰이고 관상용이다.

② 섬조릿대(S. kurilensis)

줄기와 포에 털이 없다. 꽃은 5~6년마다 봄에 복총상꽃차례[複總狀花序]로 피고 3~4년생 곁가지에 달린다. 죽순은 식용한다.

③ 제주조릿대(S. quelpaertensis)

한국 특산종으로 줄기는 높이 10~80cm, 지름 3~4mm로서 모여 나고 마디가 도드라지며 털이 없고 녹색인데 마디 주위는 흐린 자주색이다. 열매는 식용하고 관상용이다.

④ 조릿대(S. borealis)

꽃은 4월에 복총상꽃차례로 피고 작은 꽃 이삭에는 2~5개의 자주색 꽃이 달려 있다. 열매는 식용하고 잎은 약용에 쓰이며 줄기는 조리를 만든다.

⑤ 갓대(S. borealis var. chiisanensis)

한국 특산종으로 줄기는 높이 1~3m로서 처음에 털이 있다가 없어지고 중간 윗부분에서 2~3개로 갈라진다. 마디 사이의 윗부분이 털과 흰 가루로 덮이고 잎 집은 밑 부분에만 잔털이 있다. 조릿대와 비슷하나 외영 끝이 까락처럼 되는 것이 다르다. 조리를 만드는 데 쓰인다.

⑥ 섬대(S. borealis var. gracilis)

기주조릿대라고도 한다. 흰 가루로 덮여 있다가 없어지고 자주색을 띤다. 꽃은 총상꽃차례로서 길이 1~2cm인 작은 꽃 이삭에 3~6개의 자주색 꽃이 달리고 기부에 있는 2개의 포는 자주색이면서 털이 있다. 잎은 약용으로 쓰인다.

(4) 이대속(Pseudosasa)

남부의 산기슭이나 평지에 군생하며 관상용으로도 심는다. 2년째에는 각 마디마다 1개씩 가지가 나온다. 땅속줄기의 끝에서 거친 털이 난 껍질에 싸여 새순이 나온다. 껍질은 마디 사이보다 길다. 늦은 봄에서 여름에 개화하며 재식종은 부분개화를 한다.

① 이대(P. japonica)

높이 2~5m, 지름 5~15mm로서 털이 없으며 중간 윗부분에서 5~6개의 가지가 나온다. 죽순은 식용하고 줄기는 낚싯대, 부채, 발, 화살, 담뱃대 및 죽세공재로 사용한다.

② 자주이대(P. japonica var. purpurascens)

이대의 변종으로 줄기는 높이 1~3m, 지름 5~8mm로서 자주색을 띤다. 꽃은 원추꽃차례로서 여름에 피고 작은 꽃 이삭에 10여 개의 꽃이 달린다. 죽순은 식용하고 줄기는 죽세공재로 사용한다.

❹ 뱀부(대나무)의 성분(효과) 및 특성

1) 뱀부(대나무)의 주요성분

(1) 외피의 실리카(Silica) 성분

대나무의 외피 실리카(Silica)는 수정 결정과 같은 크리스탈 메트릭스를 형성하여 피에조전기와 파이로전기를 발생한다. 이산화규소(SiO_2)의 또 다른 이름인 실리카(Silica) 성분은 천연 미네랄이다. 실리카는 치매 예방에 도움을 주고 피부미용과 노화방지는 물론 혈액순환을 개선하는 데 탁월한 효과가 있으며 당뇨와 류머티즘, 신경통에 효능이 좋은 중탄산나트륨을 포함하고 비만과 아토피에 좋은 황산이온도 함유하고 있다. 또한 음이온, 원적외선 방출로 세포와 엔도르핀의 분비를 활성화시켜 면역력, 피로회복에 좋으며 탈모방지, 골다공증에도 효과가 있다.

(2) 리그닌(Lignin) 성분

리그닌은 목재, 대나무, 짚 따위의 목화(木化)한 식물체 속에 20~30% 존재하는 방향족 고분자 화합물로 세포를 서로 달라붙게 하는 구실을 하는데 이것이 축적되면 세포 분열이 멈추고 단단한 조직으로 된다. 리그닌은 관속식물(vascular plant)과 일부 조류에서 조직을 지지하는 중요한 구조 물질을 형성하는 유기폴리머(organic polymer) 중 하나이며, 보통 식물에서는 2차 세포벽을 구성하는 물질 중 하나이다. 섬유소 및 다른 다당류들과 함께 공유결합을 형성한다. 또한 쉽게 부패하지 않고 단단함을 제공하기 때문에 목재 및 나무껍질의 세포벽 형성에 있어서 매우 중요하다. 줄기와 관다발조직을 강화시키며, 물과 무기염류가 수송되는 수분 수송조직의 주요한 성분이기도 하다. 식물을 지지하는 역할 이외에도 식물을 보호하는 기능을 한다. 물리적으로 단단하기 때문에 동물에 의해 쉽게 먹히지 않고, 병원체의 생장을 차단하며, 감염이나 상처에 종종 리그닌화가 일어나 식물을 보호한다. 최근 바이오에너지 원료로서 바이오매스의 중요성이 부각되면서 리그닌 생합성에 관여하는 효소들의 특성과 분자생물학적 기법을 도입하여 바이오매스 내의 리그닌 함량을 조절하는 연구에 많은 관심이 모아지고 있다. 리그닌은 특히 관다발 및 지탱 조직들에서 세포벽에 존재하는 섬유소, 헤미섬유소와 펙틴들 사이의 공간을 채운다. 리그닌은 헤미섬유소와 공유 결합을 이루고 있기 때문에 서로 다른 식물의 다당류를 교차 결합하여 세포벽에 기계적 강도를 부여하고 식물 전체를 단단하게 한다. 리그닌은 식물의 줄기에서 물을 운반하는 데 중요한 역할을 한다. 식물 세포벽의 다당류 성분은 친수성이어서 물을 투과할 수 있지만, 리그닌은 소수성이기 때문에 물을 투과하지 못한다. 따라서 리그닌은 식물의 관다발 조직이 물을 효율적으로 운반할 수 있게 한다.

(3) 바이오 플라보노이드 성분

이산화탄소 제거 능력이 소나무의 3~4배이며 피를 맑게 하고 피로회복, 세로토닌 증가, 자율신경계를 안정시켜준다.

2) 뱀부(대나무)의 주요효과

(1) 피에조전기(압전기) 효과

특별한 물질부분에 결정(Crystal)하여 일정한 형체를 이룬 물체에 압력을 주어 물질의 기본적인 성질인 전하를 발생시킨 후 전계 중에 놓아두면 변형이 생기는 현상을 압전기 현상이라 하며, 발생하는 정전기를 피에조 전기(Piezo electric effect)라 한다. 압전기를 발생하는 결정체로서, 수정, 로셀염, 티탄산염 등 많은 종류가 있으며 이것을 이용하여 압력 측정, 진동 측정 등을 한다. 우리 신체에는 파시니소체(압점)와 마이너스소체(촉점, 압점)라는 촉각수용체가 있어 파시니소체(압점)와 마이너스소체(촉점, 압점)에 강도를 다양한 방법으로 주었을 때 물리적인 힘이 화학적인 힘으로 변형되어 압전기를 발생시킨다. 신체의 넓은 부분에 작용함으로써 (+) (-) 전하와 열에너지가 심부열을 발생시켜 신체조직 깊숙이 침투하게 된다. 이 때 혈액의 순환이 원활해져 노폐물 배농이 빠르게 진행되며 영양물질과 산소공급도 진행되어 신진대사가 촉진된다. 림프순환이 촉진되고 정맥으로 배설하지 못한 노폐물 배설을 돕고 내분비 기능이 정상화됨에 따라 신체의 자연 면역력이 증가한다. 수축된 근육은 이완을 통해 손상된 근육의 조직을 회복시키는 데 도움을 준다.

(2) 파이로전기(초전기) 효과

어떤 종류의 결정에서 전기석의 일부를 가열하면 극성축의 양단면에 각각 다른 부호의 전하가 나타나는 것을 파이로전기(Pyroelectricity) 또는 초전기라고 한다. 대나무와 신체의 피부와 마찰이 일어났을 때 따뜻하게 초전기(Pyroelectricity)가 발생한다. 18세기 무렵부터 알려진 것으로 압전기가 생기는 결정체에서 이 현상을 볼 수 있다. 초전기가 지속적으로 발생하면 신체의 딱딱하게 굳어진 셀룰라이트와 수축된 근육이 부드럽게 이완되며 혈액순환에 도움을 준다. 초전기의 작용은 뼈와 건(tendon)에 효과적으로 나타난다. 건(tendon)은 근육을 뼈에 부착시키는 중개역할을 하고 있는 결합조직인 섬유속으로 그 굵기, 길이, 형태는 근육의 종류에 따라 다르며 신경이 많이 분포되어 있어 여기에 순간적인 강한 자극을 가하면 근육이 일시적으로 수축하는 건반사를 일으킨다. 특히 어깨, 견봉, 팔꿈치, 늑골아래, 광배근, 고관절, 무릎, 복숭아뼈, 부위는 뼈와 건이 집중적으로 위치해 있는 부위로 초전기효과가 수축된 뼈와 건(tendon)을 이완시켜준다.

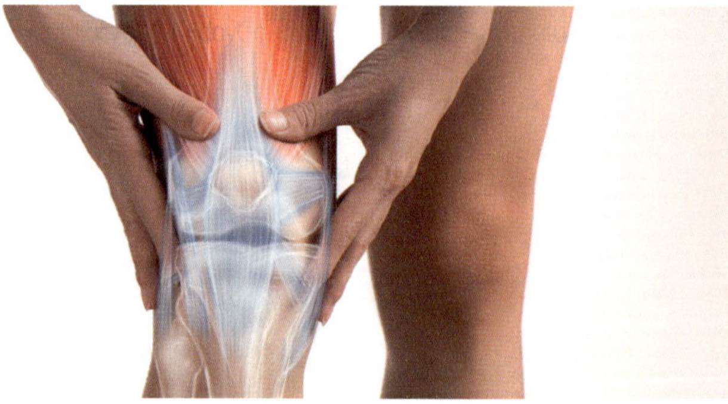

[그림 1-3] 무릎 통증

(3) 음이온 효과

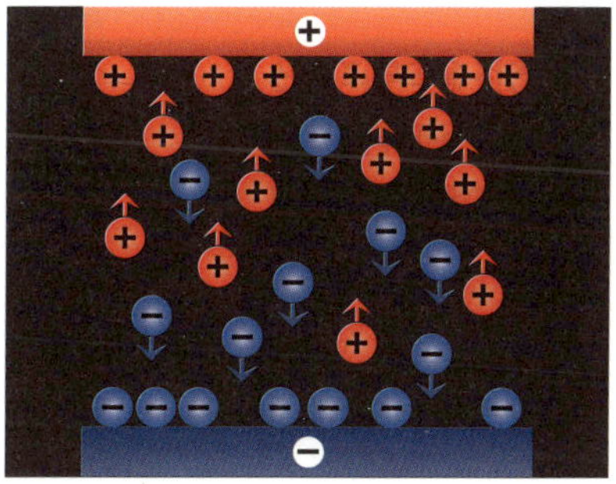

[그림 1-4] 음이온 효과

이온은 전기를 띈 눈에 보이지 않는 미립자를 말하며 (+)전기를 띄는 것을 양이온, (-)전극을 띈 것을 음이온이라 한다. 폭포수나 소나무 숲에서 느낄 수 있는 상쾌한 느낌을 주는 것은 (-)전기인 음이온 때문이다. 일반적으로 양이온은 오염된 공기 속에 많고 음이온은 공기가 맑은 자연 속에 많이 분포하고 있다. 현대인은 가정이나 직장에서 수많은 전자제품에 둘러싸여 생활하고 있다. TV, 컴퓨터 모니터, 노트북, PC, 이동전화를 비롯한 각종 전기 전자 제품은 우리 몸에 유해한 전자파를 끊임없이 발생하고 있는데, 전자파는 모두 양이온으로, 음이온은 이러한 몸에 해로운 전자파를 중화 · 소멸시켜 준다. 우리 몸속의 건강한 혈액은 약알칼리성이다. 하지만 양이온은 혈액을 병적인 산성으로 만들고 이와 반대로 음이온은 혈액의 5대 요소(질소, 산소, 칼슘, 나트륨, 칼륨) 이온들을 증가시켜 산성혈액을 중화하고 혈액의 알칼리화를 진행하여 혈액을 깨끗하게 정화시킨다. 이렇게 음이온이 저항력 있는 약알칼리성 혈액으로 바꿔줌으로써 성인병, 암, 알레르기 질환 등을 예방할 수 있다. 세포 활성화를 통한 피로회복, 혈액 순환을 촉진시키고 자율신경 조절 작용에 따르는 정서적 안정, 집중력 향상, 스트레스 감소, 불면을 해소시켜 준다.

(4) 사운드 효과

[그림 1-5] 소리의 진동

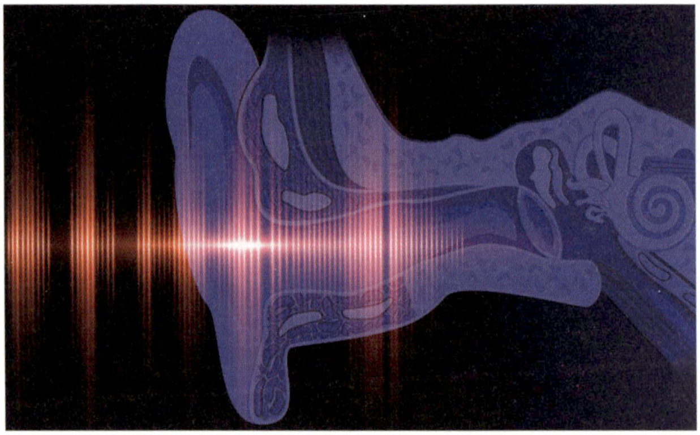

[그림 1-6] 달팽이관

소리는 어떤 물질이 떨리고 그 떨림이 다른 물질을 타고 퍼져 나가는 현상이라고 할 수 있다. 떨림을 다른 말로는 진동이라고 하며, 진동의 전달을 위해서는 진동을 전달해 주는 매질이 필요하다. 소리를 전달해 주는 대표적인 매질은 공기다. 소리를 발생시키려면 진동을 만들어주어야 하는데, 가장 쉬운 방법은 물체를 두드리는 것이다. 책상과 같은 물체를 두드리면 책상 고유의 소리가 발생한다. 물체의 떨림은 육안으로 잘 볼 수 없다. 대신 북 위에 콩을 올려놓고 북을 두드리면 콩의 움직임을 통해 북이 떨리는 현상, 즉 소리의 발생 원리를 확인할 수 있다. 소리, 울림, 음, 음향, 고체, 액체, 기체 등에서 전파될 수 있는 음선 주파수 범위를 의미한다. 인간의 가청주파수는 20Hz~20kHz 사이의 진동음으로, 귀가 공기압의 변화에 반응함으로써 감지할 수 있게 된다. 뱀부테라피는 대나무가 피부마찰에 의해 사각사각 소리가 시작되며 운율적인 사운드리듬이 지속적으로 이어지면서 인체의 밸런스를 회복시켜주고 마치 숲 속에서 있는 것처럼 자연의 소리를 들음으로써 감성적으로 영향을 주어 스트레스호르몬의 감소로 엔도르핀 분비를 도와준다. 이때 경직된 근육이 이완되며 뼈와 건의 둔탁함이 부드러워지고 에너지가 활성화된다. 뱀부테라피에 사용되는 대나무를 선별할 때 가공과정에서 유액을 바른 대나무는 사운드가 제대로 나지 않으며 둔탁한 소리와 함께 괄사를 사용하는 것과 같다고 할 수 있다. 초록색의 가공하지 않은 생 대나무는 수분이 많아서 피부가 당길 수 있으며 서늘한 곳에서 건조시킨 대나무는 누런색으로 변색이 잘 되고 겉 표면의 실리카 성분 때문에 스크래치가 난다. 반면 불에 그을린 대나무는 소독이 되면서 적당한 수분을 유지하며 실리카 성분만 남아있게 하였으므로 오일을 발라서 보관한 후 뱀부테라피에 사용하면 사운드테라피를 제대로 느낄 수 있다.

[그림 1-7] 생대나무

[그림 1-8] 말린뱀부

[그림 1-9] 유약바른 뱀부

[그림 1-10] 구운 뱀부

❺ 천연 뱀부(대나무) 소재로 만든 제품의 특성

대나무 소재는 피부노화 예방의 친환경 건강 소재 제품이다. 대나무를 소재로 하여 만든 제품은 인체의 노화 원인 중 하나인 산화반응을 막는 토코페롤과 사포닌이 풍부하게 함유되어 있다. 섬유자체에 다량의 아미노산이 함유되어 있어 피부노화 예방에도 효과가 있으며, 음이온 발생 기능을 가지고 있다. 음이온은 혈액을 약알칼리성으로 변화시키고 혈액 순환을 양호하게 한다. 또한 신진대사가 잘되게 해서 자율신경을 정상화하므로 사람 몸의 차가움 방지와 피로회복에 효과가 있다. pH 지수가 중성이어서 건성피부나 아토피 피부질환 예방에 효과적이다. 또한 높은 제전성(정전기 방지성)을 가지고 있어 건조한 환경에서 발생할 수 있는 화섬사의 정전기 쇼크로부터 피부를 보호해 주는 등 피부에 대한 높은 안정성을 가지고 있다. 대나무는 해충에 의한 피해나 병원균에 의한 감염이 거의 없기 때문에 살충제의 사용 없이 자연적으로 성장할 수 있다. 과학자들은 대나무가 "bamboo kun"이라 불리는 독특한 항균성과 정균제를 포함한다는 것을 발견했으며 이 물질은 대나무 셀룰로스 분자 구조에 단단히 묶여있기 때문에 가공된 대나무 소재에서도 유지된다. 대나무 소재는 우수한 천연의 기능을 가지는데 바로 천연 항균성과 탈취성이다. 대나무는 살충제 없이도 빠르게 자라며 대나무 소재는 독특한 생분해성 직물 소재로서 미생물과 태양에 의해 토양에서 100% 생분해될 수 있으며 분해 과정은 환경에 어떠한 오염도 야기하지 않는다.

[그림 1-11] 폐기물 없는 비누, 대나무 칫솔, 천연 목재 브러시 등

더 알아보기

• 구찌백

구찌의 크리에이티브 디렉터 Frida Giannini는 1947년 플로랑스의 구찌 아뜰리에에서 탄생한 오리지널 대나무백을 재해석해 탄생시킨 작품이라고 할 수 있다.

[그림 1-12] 구찌백

6 그야말로 아낌없이 주는 뱀부(대나무)

흉년에 백성을 먹여 살린 대나무를 조선시대 민가에서는 흔하게 심었다. 대나무는 가공이 쉬워 일상생활에서 다양하게 활용했는데 선비들은 붓과 부채를 만들고 서민들은 밥을 지을 때 넣거나 그릇으로 썼다. 또한 줄기를 길게 잘라 엮어서 갓, 바구니, 그물, 돗자리를 만들었고, 대나무 가지는 지팡이, 낚싯대로도 썼다. 왕실에서는 종묘제사를 지낼 때 신위의 왼쪽에 마른 음식이나 과일을 담는 용도로 대나무 그릇을 사용했다. 현재는 죽제품이 더욱 다양해지고 세련되어져서 장신구, 부채, 의자, 찻상, 침대, 진열장 등 더 수준 높은 차원의 생활 도구들을 만들고 있다. 고문헌을 보면 대나무를 약으로 쓰는 경우도 많았다. 〈증보산림경제(增補山林經濟)〉에는 대나무 잎을 태워 계란 노른자와 함께 부스럼에 붙였다고 기록되어 있고, 〈농정회요(農政會要)〉에서는 죽력이라 부르는 대나무 진액을 죽으로 만들어 가래를 삭히는 데 썼다고 한다. 화상을 입었을 때는 대나무 속에 있는 하얀 막이나 죽력을 붙였는데, 이것은 피부의 열을 내리는 효과가 있기 때문이다. 대나무는 뿌리에서 잎까지 어느 것 하나라도 버리지 않고 이용하였으며 대나무에서 추출되는 성분은 식용이 아닌 약용으로 널리 활용되었다. 대나무는 번열, 소갈과 악창 등을 치료하였으며 열을 내리고, 살균, 항진균 등에 효능이 있다. 〈동의보감(東醫寶鑑)〉, 〈본초강목(本草綱目)〉 및 〈신농본초경(神農本草經)〉에는 중풍과 고혈압의 치료에 탁월한 효과가 있어 고혈압, 중풍, 발한 등의 치료를 위한 민간요법으로 활용되었다. 〈이아주소(爾雅注疏)〉에는 대나무를 달여서 즙을 낸 후 어린이에게 먹이면 회충을 없앨 수 있다고 기록되어 있다. 대나무 자체를 이용한 건강 보조 식품도 개발하여 판매하고 있으며 그 중 '대잎차', '대잎 분말' 등은 해외로 수출까지 하고 있다. 특히 대나무 숯은 미세한 다공성 구조로 되어 있어 흡착력이 우수하고, 음이온을 발생시키며, 칼슘 및 칼륨 등의 광물질을 제공하는 등의 사료첨가제로서 그 가치가 충분하며 의약품, 산업제품 및 생활용품 등에 폭 넓게 쓰이고 지사, 해독 및 항균 등의 약리효과가 있다. 축산에서도 숯은 가축의 성장, 육질 및 도체특성에 관한 연구가 진행되고 있다.

[그림 1-13] 숯

[그림 1-14] 죽순

[그림 1-15] 바구니 만드는 과정

[그림 1-16] 뱀부 화장품

Ch# 02

뱀부테라피의 역사와 종류

1 뱀부(대나무)테라피의 역사

문명이 발달하기 전부터 인류는 다양한 치료법을 연구해왔다. 뱀부(대나무)테라피는 자연에서 손쉽게 얻을 수 있었던 재료를 활용한 치료법으로, 이러한 환경 속에서 자연스럽게 시작된 테라피라고 할 수 있다. 뱀부테라피는 대나무를 이용한 예술 마사지테라피로 고대 힌두교도, 페르시아 및 이집트에서는 대나무를 질병 관리에 이용하였다. 뱀부(대나무)의 어원은 학자들에 따라 다르게 설명하고 있다. 그 중 말레이 반도의 토속어로 'bambu'에서 유래되었다는 설이 지배적인 설이다. 생명 에너지, 번영, 장수, 성욕과 다산을 상징하는 대나무가 유난히 많은 중국, 인도네시아, 일본에서 대나무 줄기는 여전히 영원한 젊음, 힘, 번영, 평화를 상징한다. 새로운 기술인 뱀부테라피는 마사지처럼 보일 수 있지만 단순히 그 자체보다 고대치료법과 더 깊은 연관이 있다. 현대의 뱀부(대나무)테라피는 Bamboo-Fusion, Tian di Bamboo Massage로 선전되거나 최근 스파에서는 이국적인 트리트먼트 또는 마사지 치료사에게 받는 최신 도구로 홍보되고 있다. 한국에서는 2019년부터 강릉 오죽 뷰티힐링센터에서 관광산업 특화프로그램으로 재백되어 적극적으로 활동 중이다.

2 뱀부(대나무)테라피의 개념

뱀부(대나무)는 길조의 의미를 내포하는 친환경적 도구로 스웨디시 마사지나 딥티슈 테크닉에 뱀부(대나무, 학명 : Bambuseae)를 도구로 접목시킨 테라피이다. 고대부터 전해져 내려온 뱀부테라피는 최근 아시아 지역에서 활발하게 사용되는 마사지테라피로 우리나라에서도 뱀부(대나무)테라피에 대한 관심이 높아지고 있으며, 뱀부(대나무)테라피의 교육을 위해 (사)한국피부미용사회중앙회 요청으로 NCS(National Competency System) 피부미용의 능력단위 특수 관리에 포함되어 있다. 대나무를 테라피에 접목한 이유는 대나무는 동서양에 모두 익숙한 식물이며, 짧은 성장주기를 가져 지속적인 재생 자원으로 환경에 빠르게 적응하여 미래에도 보존될 가능성이 높기 때문이다. 또한 가격이 비교적 저렴할 뿐만 아니라 대나무의 외벽이 실리카로 덮여있어 곧고 단단하면서 겉은 딱딱하지만 피부에 밀착시키는 순간 부드러운 촉감이 느껴지는 장점이 있다.

대나무의 잎과 줄기에는 플라본 글리코시드(flavonoid glycosides), 페놀산(phenolic acids), 쿠마린 락톤(coumarin lactones), 안트라퀴논(anthraquinones), 아미노산(amino acids), 실리카(silica) 등의 활성 성분이 다량으로 함유되어 있어 항산화, 항노화 및 항균 활성이 높은 것으로 알려져 있다. 특히 실리카(silica)는 피부, 머리카락, 손톱을 형성하는 필수 무기성분으로 피부에 탄력성 증진 및 뼈의 건강 증진에 도움을 주고, 화장품의 백색 안료로서 커버력을 유지시키는 분체(powder)로 사용되고 있다. 이러한 성분을 함유하는 뱀부(대나무) 스틱을 사용하는 뱀부테라피는 수기 테크닉보다 근육을 쉽게 이완시켜 주고 심부 근육에까지 영향을 미쳐 긴장된 근육의 통증이 완화되고 신진대사를 원활하게 하여 효능이 오랫동안 유지될 수 있도록 해 준다. 또한 긴장된 인체의 부위에 적용하여 신체적 피로를 풀어줄 뿐 아니라 뱀부(대나무)라는 도구가 주는 치유적 요소로 정신적 긴장을 해소시켜 주는 자연친화적인 테라피로 여긴다. 이러한 효능은 뱀부(대나무)에서 방출되는 음이온과 원적외선 성분이 체내 활성산소를 소거시켜 자율신경을 안정시켜 주고, 심부 조직에 압박이 가해져 혈액 흐름이 활발해지면서 림프순환이 개선됨으로써 부종과 셀룰라이트의 분해를 돕는 작용을 한다. 그리고 뱀부(대나무)테라피는 수면의 질을 개선시키고, 우울증을 완화시킬 수 있는 자연적인 힐링 관리 방법이며, 엔도르핀 분비를 증가시켜 질병예방에 도움이 될 수 있다. 뱀부테라피 작용원리는 지렛대원리, 피에조전기(piezoelectricity) 원리, 파이로전기(pyrolectricity) 원리에 의한 피에조전기(압전기) 효과, 파이로전기(초전기) 효과, 음이온 효과, 사운드 효과가 있다. 뱀부 메뉴얼 테크닉으로는 원그리기, 사선·엑스, 반원그리기, 두드리기, 떨기, 돌리기 등이 있으며 응용 테크닉으로는 슬라이딩(sliding), 스핀(spin), 롤링(rolling), 롤핑(rolfing), 스크롤(scroll) 등이 있다. NCS 피부미용에서 피부미용 특수관리 뱀부테라피(분류번호 1201010226_17v4)에 대한 능력단위의 정의는 '위생적으로 뱀부(대나무)를 소독하여 신체부위에 맞는 크기를 선택하고 테크닉을 구사하여 신체순환을 돕는 능력이다.'라고 설명되어 있다.

3 세계의 뱀부(대나무)테라피 종류

1) 세계의 뱀부(대나무)테라피 구분

(1) 퓨전 뱀부테라피

북미에서 고객을 위해 뱀부테라피 기술을 개발한 최초의 마사지 치료사 나탈리 세실리아(Nathalie Cecilia)는 체격이 거대한 남성 고객이 상완골 근육에 더 깊은 압력을 요구할 때 이 접근법을 시도했다. 세실리아는 전통적인 마사지 사업을 시작한 지 2개월 만에 엄지와 손목에 통증이 생겼다. 뱀부(대나무) 스틱을 사용하는 것은 손가락의 연장선상과 같다고 판단하였고 효과적으로 쉽게 긴장된 근육을 찾아 트리거 포인트를 치료할 수 있었다. 이러한 상황에서 세실리아는 뱀부 스틱으로 다양한 연구를 거듭하여 새로운 방법을 개발하기 시작했으며 결국 다양한 길이와 구성의 막대기를 사용하여 현재 '뱀부퓨전마사지'라고 불리는 테라피를 만들었다. 그녀가 이 기술을 만든지 얼마 되지 않아 다른 치료사들은 대나무를 치료 세션에 포함시키는 방법을 묻기 시작했다. 세실리아는 다양한 모양과 크기의 대나무와 등나무를 사용하여 전체 마사지 루틴을 만들었다. 이 루틴은 문서화되었고 세실리아는 NCBTMB와 플로리다 주에 의해 다른 치료사들에게 이 양식을 가르치도록 승인되었다. 뱀부퓨선테라피 교육과정을 개설하여 플로리다와 미국공인자격증협회(National Certification Board for Therapeutic Massageand Bodywork, NCBTMB)에서 교육 이수 후에 자격증을 받을 수 있도록 법적인 인가를 얻었다.

(2) 천지 뱀부테라피

발리 우붓 마을의 몽키 포레스트(Monkey Forest)는 자유롭게 야생으로 돌아 다니는 수백 마리의 원숭이 서식지로 유명하다. 에르네스토 오리티즈(Ernesto Ortiz)는 이 곳에서 원숭이가 대나무 조각을 돌에 대고 문질러서 거친 가장자리를 정리한 후 대나무로 몸을 마사지하기도 하고 동료 원숭이에게 부탁하여 대나무 마사지를 받는 모습을 보고 연구하기 시작하였다. 이후 중국 전통의학의 오행 원리와 어울리는 천지연 뱀부테라피를 개발하여 발전시켰다. 두개천골요법을 공부한 멕시코 출신 에르네스토 오리티즈(Ernesto Ortiz)는 1994년부터 뱀부테라피스트의 손, 팔과 팔꿈치에 연장선으로 다양한 길이와 둘레의 뱀부를 사용하여 천지-뱀부(Tian Di Bamboo Massage, 하늘과 땅-뱀부테라피, 이하 천지-뱀부테라피)를 발전시켰다. 에르네스토 오리티즈는 신체에 정신과 마음을 통합시키기 위해 도구를 활용하는 방법을 개발하면서 대나무가 다른 도구들보다 더 유연하고 부드럽게 심부 근육까지 테라피의 효능을 전달할 수 있다는 것을 발견하고는 정신과 하늘과 땅의 정신이 연결되어 있는 육체적인 상태와 정신적인 부분들이 관련이 있는 뱀부테라피를 발전시킬 수 있는 기초를 다졌다. 전통 한약(TCM)의 원칙, 특히 나무, 불, 흙, 금속 및 물과 관련된 원리가 마사지 기술에 적용되는 것으로, 중국의 5가지 요소 이론을 통합한다. 이 마사지는 다양한 크기로 자른 대나무를 사용한다. 대나무는 치료사의 손, 팔뚝 및 팔꿈치의 연장선으로도 사용되어 더 깊고 효과적으로 작용할 수 있다. 관리자도 뱀부 스틱을 사용하면 손과 손가락의 스트레스와 긴장을 최소화하면서 깊이 침투하는 조작이 가능하며 건강한 손과 손목을 유지하는 데 도움이 된다.

천지 뱀부테라피의 효과는 신체에 압전기 원리를 적용하면 전기 및 열에너지가 주변 순환을 활성화하여 순환이 개선되고 정체된 독소를 제거하고 몸, 심장 및 폐로 혈액을 이동시켜 내부 호흡을 개선한다. 산화된 혈액의 영향을 받는 부위는 세포와 조직에 영양을 주고 신진대사를 도와준다. 또한 감정적으로 완전한 이완 감각을 제공하고 고객의 몸이 뱀부의 따뜻함과 유연성을 느끼는 동안 뱀부 스틱의 음악 소리와 함께 황홀감을 느끼게 해준다. 고객이 편안하게 절정에 도달하면 정체된 감정이 북받치기도 하여 때로는 관리를 받은 후 고객이 "당신은 내 인생을 바꿨습니다.", "저는 활력과 희망을 가져다주는 과거의 삶을 다시 찾았습니다." 등으로 자신의 경험을 심오한 용어로 표현하기도 하였다.

(3) 유럽식 뱀부테라피

현대의학이 발전하기 이전 중세인류는 치유방법으로 온천요법과 바닷가 주변의 온천지역을 중심으로 바닷물을 이용한 탈라소테라피(Thalassotherapy)를 발전시켰다. 온천요법과 탈라소테라피는 류마티즘과 관절염, 부종, 통증, 부종형 비만, 호흡계 및 순환계 장애와 같은 질병을 치료하기 위한 메디컬 센터로 운영되었다. 자연에서 얻어진 천연자원(온천수, 소금(솔트), 머드, 해초, 해니, 광천수 등)으로 치료를 위한 수단으로 활용함에 따라 자연스럽게 대나무를 테라피에 기구로 사용하면서 뱀부테라피로 발전하였다. 고대 힌두교도, 페르시아와 이집트는 많은 질병 관리에 뱀부테라피를 적용하여 관절과 순환계 문제에 마찰이 적용되는 마사지를 생각해 대나무 사용을 시작하였다. 그 이후 뱀부테라피는 대나무를 이용하여 관리하는 마사지 테라피로 오래된 치유예술 마사지 중 하나가 되었다.

(4) 아시아 뱀부테라피

인도, 베트남, 필리핀, 중국, 태국, 두바이 등 더운 나라에서 시원한 기구로 접목시킨 테라피로 스파에서 수기와 대나무를 함께 사용한다. 치료적, 생리적, 심리적 혜택을 제공하는 뱀부테라피는 혁신적이고 이국적인 뱀부마사지 기술로서 근육을 반죽하면서 대나무를 사용한다. 주로 관광객 대상으로 호텔 스파에서 뱀부테라피가 진행되기 때문에 편안한 휴식과 스트레스 해소에 도움을 준다. 또한 근육, 관절 통증 등 여러 가지 신체적 문제를 완화하는 데 도움이 된다. 된다. 그 외 아시아 뱀부테라피의 효과는 뻣뻣하거나 아픈 근육과 관절 통증에 효과적이며 조직의 유동성을 향상시켜 유연성을 더욱 향상시킨다. 신체의 조직과 근육에 독소가 축적되면 자연의 균형을 방해하면서 다른 부작용이 생긴다. 근육통, 기억력 저하, 두통, 약한 소화 기관, 피로 및 현기증을 유발하게 되는데 이때 뱀부테라피는 독소를 제거하는 데 도움이 된다. 혈액 순환 향상과 스트레스, 우울증 또는 불안감이 장기간 지속되면 면역 체계가 약해질 때 뱀부테라피는 면역 체계를 강화하여 신체의 림프 배농을 증가시킨다. 자연에서 쉽게 구할 수 있는 대나무는 서민층에서 발달하여 관광객들을 위한 테라피로 발전하면서 국민소득에 이바지하고 있는 테라피라고 할 수 있다. 그렇지만 미흡한 교육시스템으로 향후 체계적인 교육이 필요하다고 할 수 있다.

(5) 괄사 뱀부테라피

괄사(Gua Sha)는 가장자리가 부드러운 도구를 이용하여 신체표면에 압력을 가하여 일시적인 점상출혈과 반상출혈을 일으키는 것으로 동아시아의 선통적 힐링테크닉으로 사용되어 왔다. Gua는 중국어로 '긁다'라는 뜻이며 정확하게는 부드러운 테두리의 도구로 윤활유를 바른 피부가 붉어질 때까지 한 방향으로 반복적으로 압력을 가하는 강찰법(stroking)을 뜻한다. 괄사는 수 세기 동안 아시아에서 사용되어 왔으며 아시아 이민사회에서 침술사와 괄사 테크니션들에 의해 세계에 알려지게 되었다. 대나무를 사용하여 부분적 결체조직의 탄력성을 증가시킨다.

2) 한국의 뱀부테라피

고대부터 전해져 내려온 뱀부테라피는 최근 아시아 지역에서 활발하게 사용되는 테라피로 우리나라에서도 뱀부테라피에 대한 관심이 높아지고 있다. 한국의 K-Beauty 발전 속도는 매우 빠르게 발전하고 있으며 전 세계로 뻗어나가고 있다. 특히 아름다움을 위한 성형수술과 병원 내 메디컬 스킨케어도 발 빠르게 성장하고 있는 추세이다. 병원 내 메디컬 스킨케어는 기계관리와 수술, 보형물을 삽입하여 아름다움을 완성한다면 피부관리실에서는 주로 한국인의 손맛과 그 외 도구를 이용한 테라피로 자연스러운 아름다움을 연출해 왔다. 그 중 하나의 도구인 대나무는 지금까지 피부관리에서 사용했던 어떤 도구보다 효과도 좋고 피부관리사의 손 관절을 보호할 수 있고 짧은 시간에 넓은 부위를 관리할 수 있는 장점이 있기 때문에 빠른 속도로 발전하고 있다. 특히 암수술 후 회복기 환자들과 전자파를 두려워하는 사람들은 병원에서의 기계관리보다 웰빙헬스테라피로 뱀부테라피를 선호하는 추세이다. 암환자가 많은 우리나라에서 더욱 더 인기가 많은 테라피라고 할 수 있다. 우리나라에서는 특히 뱀부테라피의 교육을 위해 (사)한국피부미용사회중앙회의 NCS(National Competency System) 피부미용 능력단위 특수 관리에 포함시켜 표준화되었다. 뱀부는 길조의 의미를 내포하는 친환경적 도구로 한국에서는 스웨디시테라피나 딥티슈 테크닉에 대나무를 도구로 접목시킨 테라피라고 할 수 있다.

더 알아보기

강릉오죽한옥마을은 조선의 대표학자 율곡 이이의 생가로 알려진 오죽헌과 연계하여 뷰티 관광 힐링 도시로서 지역브랜드로 정착·발전시키기 위해 적극적으로 노력 중이다. 강릉오죽한옥마을에서 관광과 함께 뷰티, 푸드, 명상테라피 등 뷰티 & 힐링 테라피를 경험할 수 있는 체험공간을 만들어 오죽 힐링 클러스터 프로그램을 선보이게 되었다. 강릉오죽한옥마을 뷰티힐링센터에서는 뱀부테라피를 메인 매뉴얼테크닉으로 선정하여 국내뷰티관광산업의 프로그램으로 판매 중이다. 강릉오죽한옥마을의 시그니처 뷰티힐링프로그램이라고 할 수 있다.

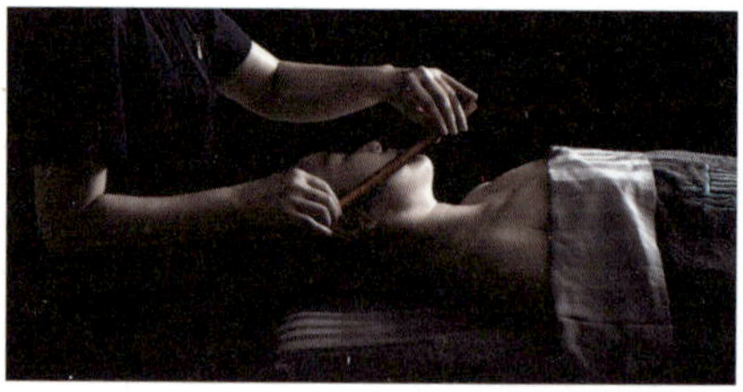

[그림 2-1] 강릉 헬스케어 힐링센터

Ch# 03

뱀부테라피 기초지식 및 과학적 원리

1 뱀부(대나무)테라피의 신체에 미치는 효과

뱀부테라피는 수면의 질을 개선시키고, 우울증을 완화시킬 수 있는 자연적인 힐링 관리법이다. 또한 엔도르핀 분비를 증가시켜 질병 예방에 도움이 될 수 있다. 뱀부테라피는 다양한 길이와 직경을 가진 뱀부 스틱을 이용하여 심부근육까지 자극을 주어 이완시키는 방법인 deep-tissue 마사지의 효과를 준다. 뱀부 스틱의 길이와 온도를 활용하여 전신과 얼굴까지 사용이 가능하며 작은 압을 가지고도 스틱을 이용하여 림프 순환과 신경, 근육, 근막 깊은 곳까지 적용된다. 심부근육에 적용되는 메뉴얼테크닉의 경우에는 대상자의 근육 뭉침과 압의 정도에 따라 통증을 유발할 수 있기 때문에 아로마테라피와 접목하면 효과가 좋다. 성인 남녀노소 모두를 힘들이지 않고 손쉽게 깊숙한 근육층까지 관리가 가능하다. 또한 뱀부를 통한 관리를 피부관리실에서 활용하는 경우에는 오일을 이용하여 활용하는 것이 대부분이지만, 타이마사지와 같이 옷을 입고 건식으로도 활용이 가능하다. 뱀부테라피에 사용하는 뱀부의 길이와 직경은 심부근육에 적용하기 위해 다양한 길이와 형태로 이루어져 있으며 원통 모양으로 뱀부의 측면과 줄기 끝부분을 이용해 관리한다. 테라피 자체가 혈액 순환, 감각 신경 인식, 그리고 림프 배수를 촉진하고 휴식과 웰빙의 깊은 의미를 제공한다. 뱀부테라피는 피부관리사의 손과 손가락에 스트레스와 부담을 줄이는 데 도움이 된다. 오늘날 다양한 테라피와 마사지 종류가 많이 있지만 물리적 재활 프로그램인 뱀부테라피는 근육 통증, 관절염, 피로, 면역 억제, 우울증, 스트레스, 림프순환 등에 효과적인 것으로 입증되었다. 뱀부에 의해 조직이 자극을 받아 열을 방출하며, 트리거 포인트를 자극하여 독소배출과 혈액순환 촉진, 근육의 긴장 완화와 신경 계통에 도움을 준다. 뱀부에서 발생하는 음이온은 혈액을 맑게 하고 저항력을 증가시키며 자율신경계를 인체에 유익하게 조절하는 효능과 탁월한 공기 정화력, 살균력 등 많은 효능을 갖고 있다. 동양과 친숙한 나무이기도 한 대나무는 생명력이 강하며 미네랄과 필수 아미노산이 풍부한 식물로, 이 같은 놀라운 성분이 기미나 색소 침착 등 피부의 안색을 정화시켜주면서 수분을 공급하여 활력이 넘치는 피부로 가꾸어준다. 뱀부테라피는 체내에 쌓인 독소를 배출하고 혈액순환을 촉진시켜 스트레스를 해소하고 릴랙스 효과를 주는데, 여기에 큰 역할을 하는 것이 바로 테라피 시 함께 들리는 청정한 뱀부 소리이다. 자연의 소리를 그대로 전하는 최고의 사운드 테라피 효과가 심신에 더없는 편안함을 안겨준다.

① 신진대사를 촉진시켜 부종과 셀룰라이트 분해에 효과

② 혈액순환개선, 신체 각 기능 활력

③ 림프흐름 원활, 면역력 개선 효과

④ 심부 조직 이완시키고, 근육의 트리거 포인트(trigger point)를 완화

⑤ 관절이나 근육 긴장 완화, 운동기능 향상

⑥ 조기유착 예방 및 개선

⑦ 긴장과 통증완화를 도와주는 엔도르핀 분비로 자연치유효과

⑧ 스트레스 완화, 혈압안정

⑨ 체력회복 촉진, 신체에너지 빠르게 회복

⑩ 릴랙스 효과로 체내순환 증진

⑪ 청소년기 성장통 촉진

⑫ 활성산소 중화, 자율신경 안정화, 심신의 안정에 탁월한 효과

⑬ 어린이부터 노인까지 적용 대상 범위 확대(의학적 문제 있는 사람 제외)

⑭ 운동선수들의 강한 운동 후 근육통 완화, 근육 손상 예방

⑮ 불면증 & 편두통의 통증에 효과적

❷ 뱀부테라피 시 금기사항

① 고열이 있는 고객

② 말기 암 환자, 통증이 심한 암환자

③ 혈액질환인 출혈성 질환자 또는 혈소판 감소증상 환자

④ 혈액응고억제제 복용자

⑤ 신경성 장애에 의한 마비증세가 있는 환자

⑥ 당뇨병 또는 골절환자나 최근 수술한 환자

⑦ 바이러스나 세균에 감염된 피부의 고객

⑧ 대상포진, 피부암이 있는 고객

⑨ 화농성여드름, 화상을 동반한 고객

❸ 뱀부테라피 시 주의사항

① 정확한 기술요법 습득

② 시술테크닉 정확하게 연결

③ 양 손 사용 시 강한 압 힘 조절

④ 관절과 인대 시술 시 부드럽게 정확한 위치에 시술

⑤ 고객의 상태 보면서 누르기 압 조절

⑥ 모세혈관이 손상되어 멍이나 홍반이 발생하지 않도록 주의

⑦ 구심방향과 림프방향으로 진행

④ 뱀부테라피의 과학적 작용원리

뱀부를 이용한 지렛대원리는 작은 힘으로 큰 힘을 낼 수 있다. 테라피스트의 손과 손가락에 스트레스와 부담을 줄이는 데 도움이 된다. 특히 모세혈관순환촉진, 근육통증이완, 셀룰라이트 분해, 부종완화, 림프배농에 효과적이다. 피에조전기(압전기)의 경우에는 압력에 의해, 파이로전기(초전기)의 경우에는 열에 의해 활성화된다. 이러한 요소들은 대나무를 이용한 테라피를 할 때 나타나는 효과가 조직 깊숙한 곳까지 침투할 수 있도록 도와준다. 뱀부테라피를 경험한 사람들이 몸 전체가 이완되어 따뜻해지는 느낌을 받는 것은 이러한 원리 때문이다. 이는 뱀부가 독소의 과다 축적된 곳, 혹은 혈액순환이 잘 되지 않는 곳을 자극해 활동을 돕기 때문이다.

1) 지렛대 원리

아르키메데스(그리스 수학자)는 무거운 물체를 적은 힘으로 들어 올릴 수 있는 지렛대원리를 개발했다. 기계물리학이나 인체관절 근육 작동원리에서 자주 사용되는 지렛대 원리는 뱀부(대나무)를 이용하여 테라피를 할 때 각도에 따라 피부에 닿는 면적이 달라진다. 근육조직에 힘을 가하기 위하여 뱀부(대나무)를 사용하는 것이 아니라 피부의 좁은 부위에는 직각으로 사용하고, 피부의 넓은 부위에는 수평으로 사용함으로써 효율적으로 힘을 전달하고, 동시에 근육을 결 방향으로 관리한다. 모법인 괄사법은 림프배농 반대방향으로 사용하지만 뱀부(대나무)를 이용한 테라피는 양방향으로 왔다 갔다 하기 때문에 탄력이 붙는다. 또한 결체조직의 이완, 수축이 동시에 되기 때문에 늘어져 있던 피부에 탄력이 생기며 근조직을 잡아준다. 짧은 시간에 신체의 넓은 면적을 관리할 수 있어 테라피스트의 관절 손상도와 체력소모에 적은 영향을 준다. 뱀부테라피에서 지렛대의 원리는 받침점의 위치에 따라 힘의 정도에 차이가 나며 작은 근육의 힘으로 무거운 물건을 들어 올릴 수 있는 큰 힘이 생성되는 지렛대의 원리를 이용하여 뱀부테라피에 적용한다.

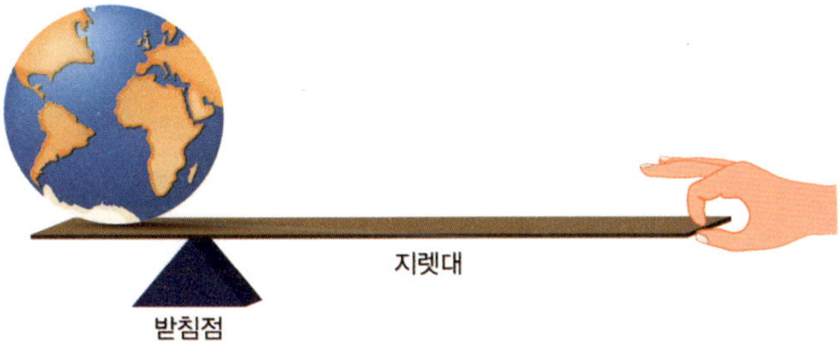

[그림 3-1] 지렛대 원리

① **힘점** : 대나무에 힘을 직접 작용하는 위치

② **받침점** : 대나무를 받쳐주는 위치

③ **작용점** : 대나무 피부표면에 힘이 작용하는 위치. 직각은 좁은 부위에 사용되며 수평은 넓은 부위에 사용된다.

2) 피에조전기(압전기) 원리

피에조전기(압전기) 원리는 힘을 가해 변형을 주면 표면에 전압이 발생하고 반대로 전압을 걸면 소자가 이동하거나 힘이 발생하는 현상을 말한다. 기계적 효과와 전기적 효과의 상호변환 효과를 나타내며 압전 효과라고도 말한다. 뱀부 스틱으로 긴장된 근육에 지속적으로 물리적 자극을 주면 긴장된 근육에 피에조전기가 발생한다. 또한 인체의 모든 조직들은 압박되거나 신장될 때 전기장을 생성한다. 이것을 '피에조 전하 효과'로 설명할 수 있는데 기계적인 힘이나 스트레스가 미치는 곳에 피에조 전하로 인하여 조직의 구조적 변형이 일어나기도 한다. 피에조 전하 효과로 만들어진 결체조직은 좀 더 센 전류를 발생시켜서 순환이 되도록 하는 것이 중요하다. 뱀부 스틱으로 신체 해당되는 부위에 테크닉을 실행하면 근육이 이완되어 통증이 완화되고 전기와 열에너지가 발생되어 말초순환을 활성화시킨다.

3) 파이로전기(초전기) 원리

파이로전기(초전기) 원리는 어떤 결정체 일부를 가열하면 그 표면에 전기가 나타나는 현상으로 차거나 따뜻하면 물질의 반대 방향이나 극으로 (+)(-)전위가 이동하여 전위차가 발생하는 원리이다. 뱀부테라피에서 따뜻한 뱀부 스틱으로 매뉴얼테크닉을 하면 열이 발생하여 파이로 전기 효과가 나타나서 온열효과, 노폐물 배출, 긴장된 근육의 이완 효과 등의 효과가 나타난다. 이런 파이로전기 작용은 뼈와 건(tendon)에서도 나타난다.

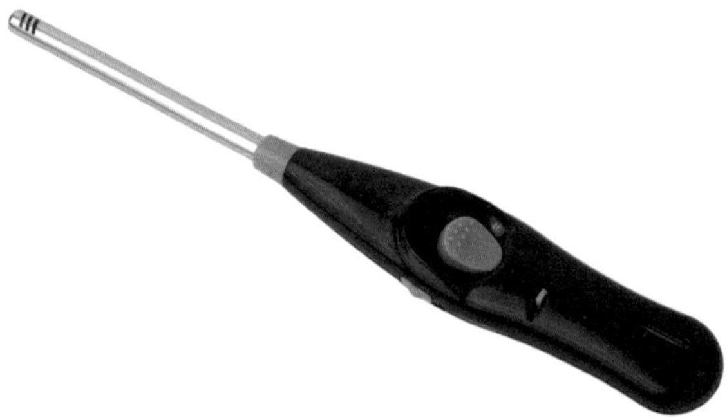

[그림 3-2] 피에조전기

Ch# 04

뱀부 알맞게 사용하기

뱀부(대나무)를 길이와 굵기에 맞추어 알맞게 사용하고 효능을 알아보고 인체에 뱀부테라피를 적용하여 올바르게 사용하는 방법을 알아본다.

1 뱀부(대나무)테라피의 종류와 효능

도구를 사용하는 뱀부테라피는 자연 친화적인 뱀부(대나무)를 사용하는 것으로 그 효과가 깊은 조직에 압박을 가하여 혈액의 흐름을 방사시켜 노폐물을 배출시키고 통증을 이완시켜 줄뿐만 아니라, 부종과 셀룰라이트의 분해, 림프의 배농, 혈액순환 개선, 면역력 개선, 스트레스를 완화시켜 주는 효과가 있다.

① 체력회복 촉진, 신체에너지 빠르게 회복

② 릴랙스 효과로 체내순환 증진

③ 청소년기 성장통 촉진

④ 활성산소 중화, 자율신경 안정화, 심신의 안정에 탁월한 효과

⑤ 어린이부터 노인까지 적용 대상 범위 확대(의학적 문제 있는 사람 제외)

⑥ 운동선수 강한 운동 후 근육통 완화, 근육 손상 예방

⑦ 뱀부에서 나오는 음이온과 원적외선 성분 다량 방출

⑧ 뱀부의 바이오플라보노이드 성분은 항산화, 항염증, 세포손상 보호에 효과

[표 4-1] 뱀부테라피에 사용하는 뱀부 종류

구분	종류
보디 뱀부(body bamboo)	길이 40cm, 직경 3cm 길이 45cm, 직경 4cm 길이 50cm, 직경 4cm 길이 70cm, 직경 4.5cm
페이스 뱀부(face bamboo)	길이 25cm, 직경 1.5cm 길이 35cm, 직경 1.5cm
데콜테 뱀부(décolleté bamboo)	길이 40cm, 직경 1.5cm
손목, 손바닥, 발목, 발바닥	길이 25cm, 직경 3cm
목, 어깨, 허리받침용 뱀부	길이 47cm, 직경 11cm

[그림 4-1] 뱀부 Stick

❷ 뱀부 소독하기

1) 뱀부 소독방법

(1) 관리 전 소독방법

① 처음 사용할 때 에탄올을 뿌려 마른수건으로 여러 번 반복해서 닦아 준다.

② 중성세제, 알코올(70%), 과산화수소로 소독 후 뱀부오일을 도포하여 보관한다.

(2) 관리 후 소독

① 중성세제, 온습포로 닦은 후 알코올(70%), 과산화수소로 소독 후 뱀부에 오일 도포 후 보관한다.

2) 뱀부 관리방법

① 생명력이 있는 식물세포 조직으로 보관, 관리 조건에 따라 대나무가 갈라질 수 있다.

② 장시간 사용하지 않을 시 신문지, 부드러운 천 또는 창호지로 감싸서 냉장보관하거나 서늘한 곳에 보관한다.

③ 잘못된 보관으로 곰팡이가 생겼을 경우 흐르는 물에 씻은 후 알코올과 항균제로 닦아 서늘한 곳에서 보관한다.

테크닉 동작

① 신체부위에 알맞은 뱀부(대나무)를 선택한다.

② 뱀부(대나무)에 붓을 이용하여 오일을 바른다.

③ 신체 부위에 뱀부(대나무) 전체를 사용하여 천천히 부드럽게 쓸어서 펴 바른다. 이때 오일이 신체 부위에 도포된다.

적용효과

① 마찰 작용으로 피부 온도를 올리거나 진정 작용으로 피부온도를 내려준다.

② 림프액의 순환에 도움을 주어 노폐물이 빠져나온다(액와, 서혜부, 피부).

③ 자율신경계 부교감신경에 영향을 주어 심리적인 안정과 피부에 휴식을 준다.

④ 신진대사를 촉진시키고 신체 내 영양공급 분포를 도와준다.

⑤ 수축된 근육을 이완시키는 효과를 준다.

⑥ 신체 붓기를 빠른 시간 내에 빼주는 효과가 있다.

PART 02

뱀부테라피 실전 테크닉

Ch# 01

뱀부테라피 매뉴얼테크닉

❶ 뱀부테라피 매뉴얼테크닉 목적

한국형 뱀부테라피는 대칭된 손잡이, 최적의 길이, 지름, 형태, 질감으로 규격화된 뱀부의 둥근 표면과 길이를 이용하여 얼굴 및 전신을 관리함으로써 최상의 컨디션을 회복시켜주는 과학적 웰빙 건강관리 테라피라고 할 수 있다. 뱀부테라피는 대나무 스틱의 길이와 온도를 활용하여 전신을 비롯하여 얼굴에도 사용이 가능하며 뱀부테라피는 적은 압을 가지고도 스틱을 활용하여 림프 순환과 더불어 신경, 근육, 근막 깊은 곳까지 적용된다. 뱀부의 길이와 굵기에 따라 6가지의 기본 매뉴얼테크닉과 5가지의 응용테크닉으로 한다. 압력(pressure), 방향(direction), 속도와 리듬(rate, rhythm), 연결성(connectivity), 자세(position), 관리횟수(administrative repeat), 매개체(media)에 따라 혈액 순환을 도와주고 근육을 이완시켜 신체의 생리기능을 향상시킨다. 고객의 심신 안정과 활성산소 중화, 자율신경 안정화를 도와주어 엔도르핀 분비로 자연치유효과가 있으므로 건강한 피부와 건강한 신체를 유지하는 데 그 목적이 있다. 근육조직에 힘을 가하기 위하여 뱀부를 사용하는 것이 아니라 많은 고유수용성 감각을 수기 테크닉보다 오랫동안 자극하고 그 효과를 극대화시키기 위하여 사용한다. 피부의 좁은 부위는 직각으로 사용하고 피부의 넓은 부위는 수평으로 사용함으로써 근육의 결 방향으로 테크닉을 수행한다. 모법인 괄사법은 림프배농 반대방향으로 사용하지만 뱀부테라피는 양방향으로 왔다 갔다 하면서 관리한다. 이때 결체조직의 이완과 수축이 동시에 일어나 늘어져 있던 피부의 탄력이 생기며 압의 강약을 조절하여 신체의 넓은 표면에서 심부조직까지 순환됨에 따라 근육의 트리거 포인트(trigger point)를 완화시켜 신체를 빠르게 좋은 컨디션으로 회복시켜 주는 데 목적이 있다.

※ 트리거 포인트(trigger point) : 유발점, 발통점, 압박 또는 기타 자극에 의하여 특수한 감각이나 증상을 일으킬 수 있는 신체 내의 특수한 점

❷ 뱀부테라피 매뉴얼테크닉 종류(NCS기반)

우리나라 뱀부테라피 매뉴얼테크닉의 동작은 신체의 넓은 부위, 좁은 부위, 뼈와 건, 관절에 따라 다양한 방법으로 활용되고 있다. 스웨디시테라피, 림프드레나지, 딥티슈테라피, 로미로미테라피, 시아추마사지 등에 대나무를 적용하여 활용하고 있다.

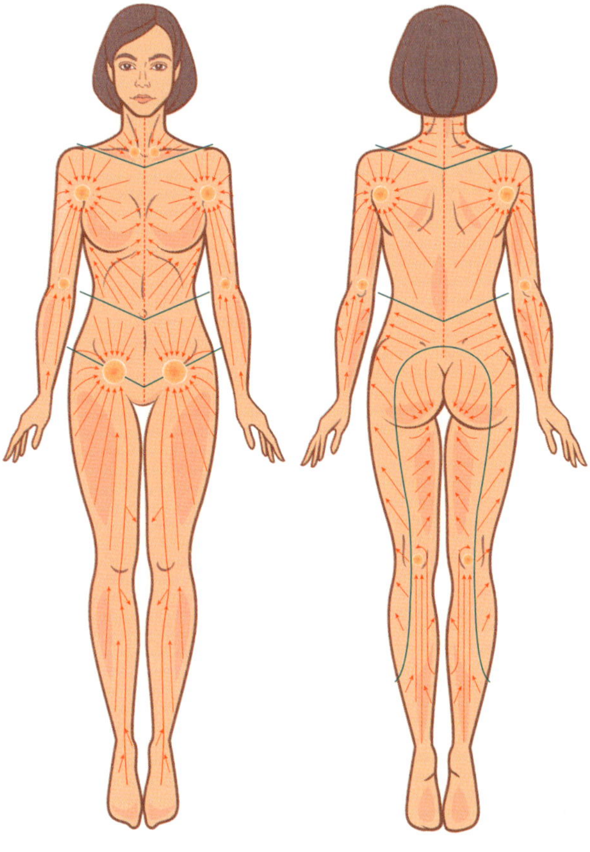

[그림 1-1] 림프흐름도- 뱀부테라피 매뉴얼테크닉 방향

1) 쓸어서 펴 바르기(쓰다듬기,Effleurage)

뱀부테라피 시작과 마무리, 테크닉 연결 시에 사용하는 동작이다. 뱀부(대나무)의 양 끝을 힘을 빼고 잡은 후 부드럽게 쓸어서 펴 바르거나 원을 그리는 테크닉 기법으로 고객의 심리적 안정을 준다. 뱀부(대나무)와 신체의 접촉부위를 최대화하여 짧은 시간에 넓은 부위에 밀착감을 주는 동작으로 뱀부(대나무)를 누르는 압력과 속도는 일정해야 한다. 얼굴과 신체가 부었을 때 적용하면 붓기가 빠지면서 원래대로 돌아오는 효과가 있다. 또한 예민한 얼굴피부에 적용하면 진정효과가 빠르게 나타난다.

테크닉 동작

① 신체부위에 알맞은 뱀부(대나무)를 선택한다.

② 뱀부(대나무)에 붓을 이용하여 오일을 바른다.

③ 신체 부위에 뱀부(대나무) 전체를 사용하여 천천히 부드럽게 쓸어서 펴 바른다. 이때 오일이 신체 부위에 도포된다.

적용효과

① 마찰 작용으로 피부 온도를 올리거나 진정 작용으로 피부온도를 내려준다.

② 림프액의 순환에 도움을 주어 노폐물이 빠져나온다(백와, 시혜부, 피부).

③ 자율신경계 부교감신경에 영향을 주어 심리적인 안정과 피부에 휴식을 준다.

④ 신진대사를 촉진시키고 신체 내 영양공급 분포를 도와준다.

⑤ 수축된 근육을 이완시키는 효과를 준다.

⑥ 신체 붓기를 빠른 시간 내에 빼주는 효과가 있다.

주요적용부위

머리를 제외한 신체의 모든 부위

뱀부테라피 - 원그리기

- 가벼운 힘과 일정한 속도
- 테크닉 동작의 처음과 끝, 마찰 작용과 진정 작용
- 림프 순환, 정맥혈 순환, 테크닉의 전파요법

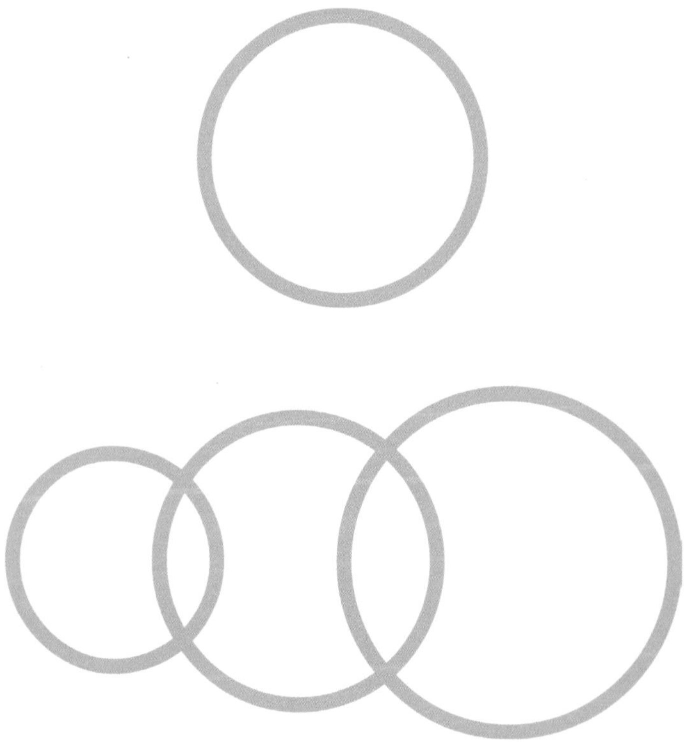

2) 밀착하여 펴 바르기(문지르기, Friction)

뱀부(대나무)를 신체표면에 밀착시켜 부위에 따라 알맞은 압력을 주어 진행되는 동작으로 원 그리기보다는 강하고 율동적으로 문질러주거나 밀어내면서 방향에 따라 수직, 수평, 지그재그로 주로 신체의 넓은 부위 근육에 적용하는 테크닉 기법이다. 신체가 딱딱하게 응집되거나 부어있는 부위에 주로 사용하고 신체의 좁은 부위도 가능하며 뼈, 건(tendon), 관절부위를 옮겨가며 부드럽고 섬세하게 적용한다. 신체부위에 가하는 압력의 정도에 따라 수평으로 밀착하여 펴 바르기, 사선으로 밀착하여 펴 바르기, 수직으로 밀착하여 펴 바르기, 지그재그로 밀착하여 펴 바르기 동작이 있다.

테크닉 동작

① 신체표면에 수평방향으로 밀착하여 펴 바른다.

② 신체표면에 사선으로 밀착하여 펴 바른다.

③ 신체표면에 수직으로 밀착하여 펴 바른다.

④ 신체표면에 지그재그(zigzag)로 밀착하여 펴 바른다.

적용효과

① 깊은(Deep) 근육에 압을 가하여 심부조직까지 영향을 준다.

② 이완과 수축이 동시에 되기 때문에 늘어져 있던 피부가 탄력이 생긴다.

③ 모공 속 피지와 노폐물을 배출하는 효과가 있다.

④ 혈액순환에 도움을 준다.

⑤ 신진대사를 원활하게 하여 결체조직에 영향을 준다.

⑥ 압의 강약을 조절하여 신체의 넓은 표면에 심부조직까지 순환이 됨에 따라 심부조직을 이완시켜 근육의 트리거 포인트(trigger point)를 완화시킨다.

주요적용부위

머리를 제외한 신체의 모든 부위

뱀부테라피 – 사선·엑스

- 힘의 정도에 따라 부드럽거나 세게 동작
- 방향에 따라 수직, 수평, 굴려 펴 바르기 동작
- 응집과 배출로 노폐물 제거, 결체조직에 효과

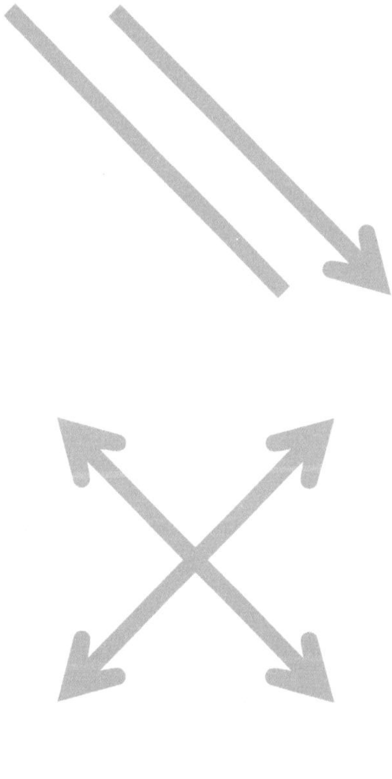

3) 어루만져 펴 바르기(반죽하기, 반원그리기, Petrissage)

뱀부(대나무)를 이용하여 신체표면의 피부와 근육을 마찰하여 반원을 그리듯 지렛대원리를 이용한 동작이다. 주로 신체의 옆선에 늘어지거나 부어있거나 셀룰라이트가 있는 부위에 반원을 그리듯 당기고, 밀고, 올리는 테크닉 기법으로, 붓고 응집된 결제조직을 이완시켜주는 동작이다. 예민한 부위에는 사용하지 않는 것이 좋다. 특히 목, 승모근, 전거근, 요방형근, 광배근, 대둔근, 중둔근, 가재미근, 비복근 등에 이용하면 효과가 좋다.

테크닉 동작

① 뱀부(대나무)를 이용하여 신체표면에 반원그리기는 지렛대원리를 이용한다.

② **신체힘점** : 지레에 힘을 직접 작용하는 위치

③ **신체받침점** : 지레를 받쳐주는 위치

④ **신체작용점** : 지레가 신체에 힘을 작용하는 원리

⑤ 부드럽고 천천히 신체에 반원을 그리며 힘점을 옮겨가며 진행한다.

적용효과

① 깊은(Deep) 근육까지 압력을 강하게 주어 혈액순환과 근육이완에 효과적이다.

② 셀룰라이트 등 불필요한 체내노폐물과 지방배출을 촉진시킨다.

③ 근육 결체조직의 강화로 피부와 근조직에 탄력성을 증가시킨다.

④ 둔부와 힙업(hip-up)에 효과적이다.

⑤ 림프액과 혈액의 순환을 도와 체내노폐물을 배출한다.

⑥ 밀집되어 있는 셀룰라이트가 정돈된다.

주요적용부위

목, 승모근, 몸통 옆선, 팔과 다리 옆선, 복근 등 셀룰라이트 많은 부위

뱀부테라피 - 반원그리기

- 피부의 조직을 밀듯이 압박하여 밀어주는 동작
- 피부를 좌우로 비틀거나 쓸어주는 동작
- 셀룰라이트 분해, 결합조직의 탄력성 증가

4) 토닥토닥 펴 바르기(두드리기, Tapotement)

뱀부(대나무)를 사용하여 신체부위에 가볍게 토닥토닥 규칙적으로 두드리는 동작으로 뱀부(대나무)에 힘을 가하지 않으며 압력을 주지 않는다. 얼굴보다는 보디에 많이 사용된다.

테크닉 동작

① 신체부위에 적합한 뱀부(대나무)를 사용하여 등과 대퇴부 부위와 같은 넓은 부위에 가벼우면서 리듬감 있게 규칙적으로 두드려준다.

② 뱀부(대나무)에 힘을 가하지 않으며 압력을 강하게 주지 않는다.

③ 뱀부(대나무)의 양쪽 끝을 잡고 부드럽게 흔들어서 두드린다.

④ 보통 뱀부테라피 주요 테크닉 중간에 사용하면 효과가 탁월하다.

적용효과

① 수축된 근육과 딱딱하게 뭉친 근육을 풀어주는 데 효과가 탁월하다.

② 짧은 시간 적용은 근육에 활력을 주고 긴 시간 적용은 근육을 안정시켜준다.

③ 셀룰라이트와 지방의 과잉 축적 억제 효과가 있다.

④ 셀룰라이트와 지방의 과잉 축적된 부위의 불필요한 체내노폐물과 지방배출을 촉진시킨다.

⑤ 신경과 근육에 원기를 회복시켜 활동 능력을 향상시킨다.

⑥ 혈액순환을 촉진시키고 탄력을 증진시킨다.

주요적용부위

머리와 가슴을 제외한 신체의 모든 부위

뱀부테라피 - 두드리기

- 뱀부를 사용하여 신체부위에 가볍고 리드미컬하게 두드리는 동작이다.
- 혈액순환을 촉진시키며 단단한 근육을 풀어주는 효과가 있다.

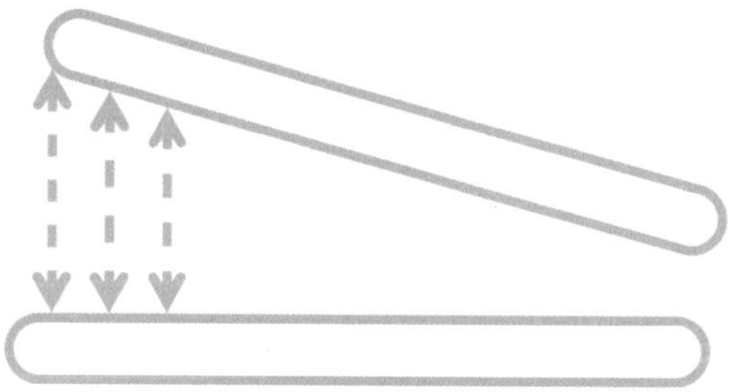

5) 떨며 펴 바르기(흔들어주기, Vibration)

신체의 일정한 부위를 흔들어 주는 동작으로 조직에 진동자극을 주는 테크닉이다. 뱀부(대나무)를 해당부위에 밀착시켜서 깊고 고르게 조절하여 떨어주며 진동시킨다.

테크닉 동작

① 뱀부(대나무)를 양 손에 일정한 힘을 주어 고르게 진동을 준다.

② 가볍고 부드럽게 떨며 뱀부(대나무)에 진동을 준다.

③ 신체부위에 밀착시켜 진동을 준다.

적용효과

① 평소 손이 가지 않는 무딘 감각과 자율신경계에 자극을 주어 감각기능을 향상시킨다.

② 결체조직이나 긴장된 근육에 도움을 준다.

③ 근육진정과 이완효과에 도움을 준다.

④ 신체의 긴장을 제거하는 데 효과적이다.

⑤ 혈액순환과 림프순환에 도움을 준다.

⑥ 시작과 마무리 할 때 사용하면 보다 좋은 효과가 있다.

주요적용부위

교근, 승모근, 액와, 옆구리, 둔부, 팔, 다리 등 관절부위

뱀부테라피 - 떨기

- 해당 부위에 밀착시켜 떨어주며 진동시키는 동작
- 일정한 리듬과 고른 진동으로 섬세한 자극을 주는 동작
- 경직되고 긴장된 조직을 이완, 혈액과 림프순환 촉진

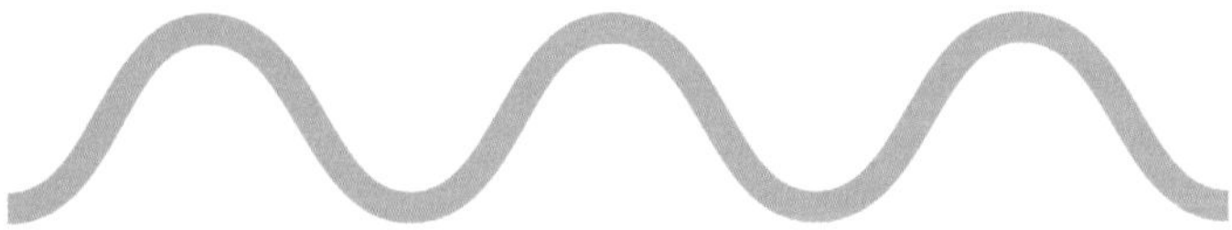

6) 돌리기(소용돌이)

뱀부테라피 진행 시 주로 신체의 등, 복부, 발바닥, 손바닥, 관절 부위의 에너지 포인트(energy point)에 적용하는 테크닉 기법이다.

테크닉 동작

① 뱀부(대나무)를 90도 각도로 세워 신체부위의 에너지 포인트(energy point)에 일정하게 압을 주면서 천천히 돌려준다.

② 뱀부테라피 시 신체부위마다 테크닉 마지막에 적용한다.

③ 신체부위 에너지 포인트(energy point)에 5초 내외로 진행한다.

④ 신체부위 에너지 포인트(energy point)에 자리이동 없이 한 자리에서 회전한다.

적용효과

① 에너지 포인트(energy point)을 자극하여 혈액의 순환을 순조롭게 도와준다.

② 관절부위에 뼈와 인내의 이완과 통증을 완화시켜준다.

③ 심부조직의 이완으로 근육과 관절의 긴장과 통증을 완화시켜준다.

④ 신진대사를 촉진시키고 신체 내 영양공급 분포를 도와준다.

⑤ 림프액과 혈액의 순환을 도와준다.

주요적용부위

등, 복부, 발바닥, 손바닥, 천골(작은뱀부(대나무)) 등 관절부위

돌리기(소용돌이)

- 가볍게 나선을 그리듯이 돌려주는 동작

- 에너지 포인트를 자극하여 심부조직 이완, 피부의 트리거 포인트 완화, 관절의 불편과 긴장 완화

3 뱀부(대나무)테라피 응용테크닉

1) 슬라이딩(Sliding)

등이나 넙다리, 종아리 등 큰 근육 부위에 글라이딩(gliding)과 문지르기(friction)와 같이 뱀부(대나무)를 활용하여 근육을 문질러주거나 밀어내고 회전없이 미끄러지는 테크닉이다. 이는 깊은 근육을 풀어주는 효과를 가지고 있다. 동작과 동작 사이에 연결성을 유지시켜 깊은 조직의 뭉친 근육을 풀어주어 혈액순환을 원활하게 하는 방법이다. 횡문근의 수축 원리를 근원섬유인 액틴 필라멘트와 미오신 필라멘트가 서로 미끄러지면서 이루어지는 현상을 슬라이딩(sliding)이라고 한다. 세포에는 여러 가지 크기와 조성의 섬유상 구조가 존재한다. 현재까지 알려진 것은 이 크기의 섬유는 골격근의 H-미오신과 결합하여 특징적인 화살촉 구조를 가지며 그 조성은 액틴단백질로 동정되어 형태학적 판정 표지로도 사용하고 있다. 따라서 액틴 필라멘트라고 하는 것도 있다. 세포 내에서는 섬유가 단독으로 분포하는 것도 있지만 서로 평행히 집합하여 다발상(束狀) 구조를 취하고 더욱 그물눈이 된다거나 또는 구상 분포하는 것도 알려져 있다.

더 알아보기

- 횡문근(striated muscle)

가로무늬를 나타내는 근을 말한다. 운동신경으로 지배되고 대부분 골격(골격근)에 붙는다. 의지에 따라서 움직일 수가 있으므로 수의근이라고 한다. 횡문근의 주요부를 이루는 것은 횡문근 섬유인데, 이 가운데를 많은 근원섬유가 평행으로 달리고 있다. 근원섬유에서는 단 굴절질과 복 굴절질이 번갈아 늘어서고 더구나 제각기 물질이 근섬유 가운데서 가로로 일렬로 늘어서기 때문에 횡문근 섬유가 가로무늬를 나타내는 것이다. 횡문근섬유는 다핵성이고 핵은 사람이나 포유류의 경우, 근섬유의 표층에 위치하고 있다.

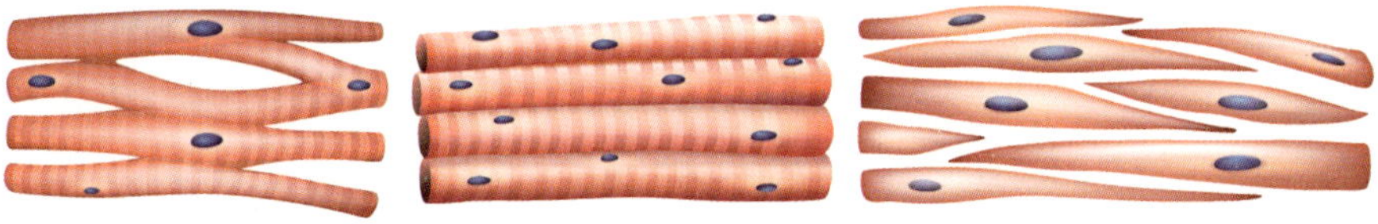

[그림 1-2] 근육의 종류

테크닉 동작

① 뭉친 근육에 압을 가하여 문질러주거나 밀어내거나 미끄러지듯이 진행한다.

② 동작의 연결성을 유지시키며 리드미컬하게 압을 가하여 진행한다.

③ 신경이 많이 분포되어 있는 부위에 섬세하게 압을 조절하여 사용한다.

적용효과

① 깊은 조직의 뭉친 근육을 풀어주어 혈액순환과 림프순환에 도움을 준다.

② 뭉친 근육에 수축과 이완을 반복하여 피부탄력을 증진시킨다.

③ 신체측면에도 적용하여 수축된 근육을 풀어준다.

④ 신진대사를 원활하게 하여 결체조직에 영향을 준다.

주요적용부위

얼굴, 신체의 모든 부위

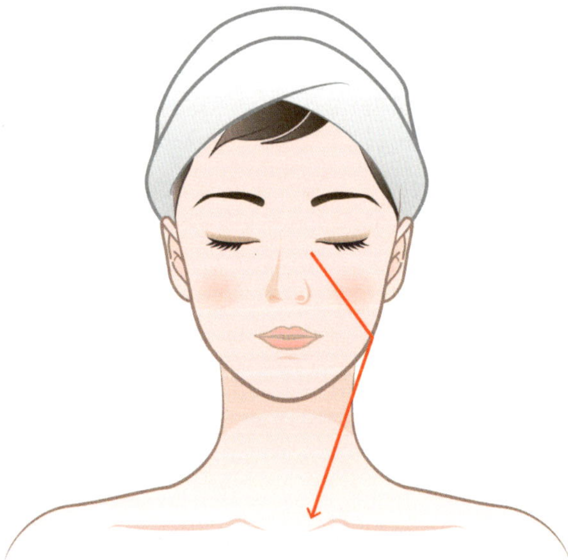

[그림 1-3] 슬라이딩

2) 스핀(Spin)

뱀부테라피 진행 시 제자리에서 회전하는 동작으로 신체의 모든 부위에 적용하고 힘을 한 자리에 오래 머물게 하기 위해 활용한다. 스케이팅에서는 몸을 팽이처럼 급속도로 회전하는 프리스케이팅(free skating)의 기본 종목을 가리킨다. 또한 공의 회전은 공이 공기의 저항을 밀어내고 지구의 중력을 거슬러 전진하는 에너지를 만들어내기 위해 필요한 운동이며 회전방식과 회전량에 따라 비행 방향, 속도, 바운드가 달라진다. 1920년대 프로 테니스선수였던 윌리엄 틸던이 최초로 스핀(spin)의 효용을 이론적으로 설명했다.

테크닉 동작

① 신체의 적용 부위에서 대나무 스틱을 수평, 수직으로 제자리에서 회전시켜 준다.

② 자리 이동 없이 한 자리에서 회전하는 테크닉이다.

③ 강, 약을 조절하면서 리드미컬하게 진행한다.

적용효과

① 혈액의 순환을 순조롭게 도와준다.

② 셀룰라이트 분해에 도움을 준다.

③ 심부조직의 이완으로 근육과 관절의 긴장과 통증을 완화시켜준다.

④ 신진대사를 촉진시키고 신체 내 영양공급 분포를 도와준다.

⑤ 림프액과 혈액의 순환을 도와준다.

주요적용부위

얼굴, 신체의 모든 부위

[그림 1-4] 스핀

3) 롤링(Rolling)

롤링(rolling)은 주로 신체 넓은 부위에 이용되며 반죽하기(petrissage)와 같이 근육을 압박하여 길게 밀어주고 반죽하는 동작을 리드미컬하게 상하, 좌우로 연결하는 동작이다. 긴장되고 경직된 근육을 비교적 빠르고 손쉽게 풀어주어 신체의 유연성 개선, 운동 후 통증 감소, 회복 시간 단축 및 근육의 조임 완화에 도움을 준다. 뱀부테라피 롤링(rolling)을 사용하여 근막 방출 형태로 압력을 가하면 혈액 순환을 개선하고 해당 부위의 혈액 순환을 원활하게 하여 치유 과정을 돕고 근육 압박을 줄인다. 또한 스트레스 호르몬(코티솔)의 감소를 통한 신경계의 이완을 도와준다.

테크닉 동작

① 횡문근(striated muscle)과 수의근에 주로 회전에 의해 상하, 좌우로 연결하여 이동하는 테크닉 기법이다.

② 국소부위에 근육에 밀착하여 압박하면서 길게 밀어주고 반죽하는 동작을 반복한다.

③ 얼굴(face)관리와 보디(body)관리 모두 부드럽게 실시한다.

적용효과

① 단단하게 경직된 근육을 이완시켜 준다.

② 신진대사를 원활하게 활성화시켜 준다.

③ 셀룰라이트와 지방과잉 축적된 부위의 불필요한 체내노폐물과 지방배출을 촉진시킨다.

④ 결합조직의 탄력성을 증가시킨다.

주요적용부위

얼굴, 신체의 모든 부위

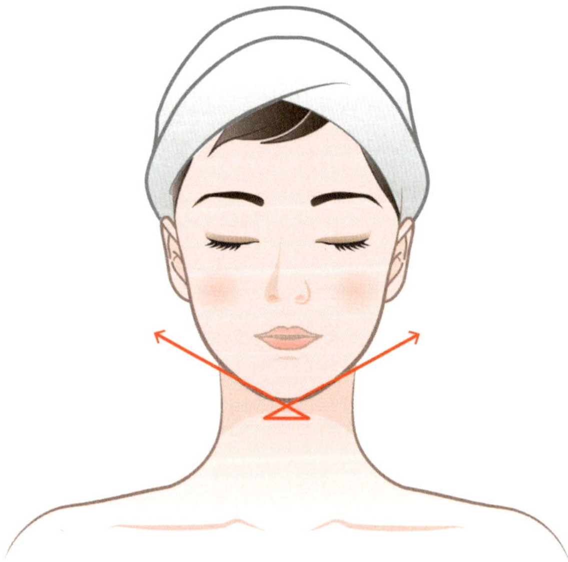

[그림 1-5] 롤링

4) 롤핑(Rolfing)

롤핑(rolfing)은 뱀부(대나무)로 전체 조직을 구성하는 연조직 이완 및 조직을 늘리는 뱀부테라피 테크닉이다. 직립 보행하는 인간의 수직적인 중력을 이용하여 신체의 균형을 바로잡아 건강을 유지시키는 원리로 두꺼워진 근막을 당겨서 풀어주고 각 신체부위가 제자리를 찾도록 도와주며 근육과 뼈가 정상적 움직임을 갖게 하고 기능을 개선시킨다. 딥 티슈 접근법으로 간주되는 롤핑(rolfing)은 실제로 신체의 모든 근조직과 작동하여 전체 시스템의 변형 패턴을 완화한다. 롤핑은 근육을 보다 효율적으로 사용하고 신체가 에너지를 절약하여 보다 경제적이고 세련된 근육움직임 패턴을 만들어 낸다. 롤핑은 만성 스트레스를 현저히 줄이고, 전만증이 있는 대상(척추)에서 척추 곡률을 줄이며 신경 기능을 향상시키는 것으로 나타난다. 또한 프로 운동선수들이 근육의 손상을 회복하며 운동 범위를 늘려 성능을 향상시키고 향후 부상을 피하기 위해 사용된다. 롤핑(rolfing)과 마사지의 다른 점은 연조직 조작 및 운동 교육을 통한 Rolfers가 장기적으로 신체 자세와 구조에 영향을 미치는 것이라면, Rolfing은 근육 이완 및 통증 완화에 종종 초점을 둔 신체 정렬 및 기능을 향상시키는 데 목적이 있다. 롤핑은 딥티슈 마사지와는 다르므로 실무자들은 긴장이 있는 부위에 초점을 맞추기보다는 전체 구조에 걸쳐 전반적인 편안함과 균형을 바로잡아 통증이나 경직을 완화하고, 관절의 운동범위를 향상시키며, 스트레스를 감소하여 건강을 유지하는 데 초점을 맞춰야 한다.

테크닉 동작

① 신체의 표층, 심층의 근막을 말아 내리거나 말아 올리듯 또는 다림질하듯이 펴 주는 테크닉 기법이다.

② 신체의 표층, 심층의 근막을 집어 주거나 들어주어 꺼진 부분을 가득 채워주는 테크닉 기법이다.

적용효과

① 혈액순환과 림프순환에 도움을 준다.

② 전만증이 있는 대상(척추)에서 척추 곡률을 줄이고 신경 기능을 향상시켜준다.

③ 근육의 손상을 회복하며 수축된 근육을 늘려주어 운동 범위를 늘려준다.

④ 결합조직의 탄력성을 증가시킨다.

⑤ 신진대사를 촉진시키고 신체 내 영양공급 분포를 도와준다.

주요적용부위

얼굴, 신체의 모든 부위

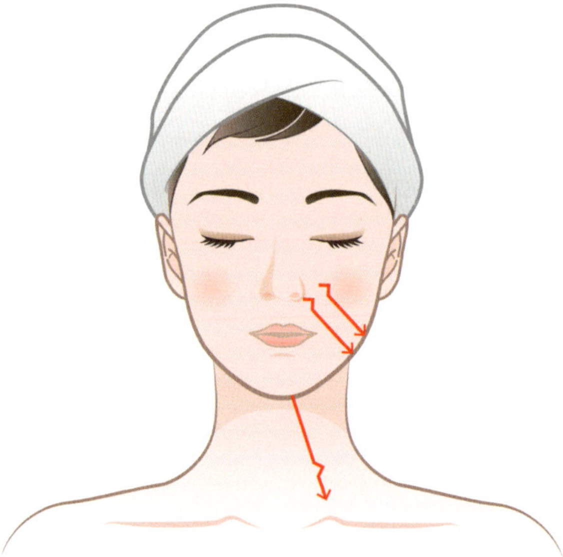

[그림 1-6] 롤핑

5) 스크롤(Scroll)

스크롤 테크닉은 주로 얼굴 턱선, 복부, 둔부 관리 시 많이 활용된다. 신체 표면에 뱀부(대나무)를 말아 올리면서 근육을 끌어올리는 테크닉 기법이다. 수축된 근육이 좀 더 잘게 풀어지는 효과가 있으며 늘어졌던 근육이 말아 올라가고 고정된다.

테크닉 동작

① 신체부위에 뱀부(대나무)를 말아 올리면서 근육을 끌어올린다.

② 신체부위에 뱀부(대나무)를 섬세하고 부드럽게 집중하면서 진행한다.

③ 신체의 좁은 부위에도 가능하여 천천히 진행한다.

④ 압의 조절과 횟수는 신체부위의 상태에 따라 과하지 않게 진행한다.

적용효과

① 신진대사를 원활하게 하여 결체조직에 영향을 준다.

② 늘어졌던 근육이 말아 올라가며 탄력이 생긴다.

③ 림프액과 혈액의 순환을 도와 체내노폐물을 배출한다.

④ 신체측면에도 적용하여 수축된 근육을 풀어준다.

주요적용부위

얼굴(face) 턱선, 복부, 둔부 등

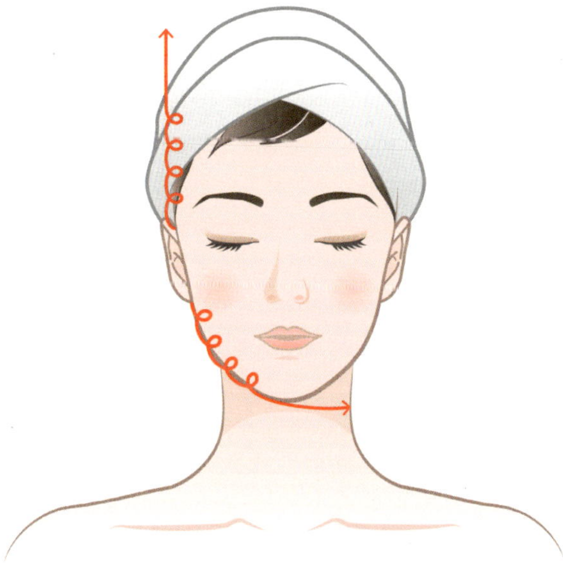

[그림 1-7] 스크롤

❹ 뱀부테라피 매뉴얼테크닉 효과에 미치는 요인

1) 압력(Pressure)

뱀부테라피는 뱀부(대나무)를 양 손에 잡고 신체부위에 누르면서 밀착하여 강약의 압을 조절하여 진행한다. 관리 전에 고객의 정신적 컨디션과 신체 컨디션을 체크하고 뱀부(대나무)의 압을 조절한다. 또한 예민한 신체부위와 탄력적인 부위를 체크하여 고객이 불편하지 않게 부드럽고 리드미컬하게 압을 조절하여 진행한다. 피부 상태나 개인 반응 정도에 따라 힘에 강약을 조절하여 동작의 흐름이 유연해야 한다.

2) 방향(Direction)

림프순환의 흐름을 따라 정맥의 방향으로 진행하며 심장을 향하여 실시한다. 매뉴얼 테크닉의 일반적인 방향은 안에서 밖으로, 아래에서 위로 관리하며 근육 결에 따라 실시한다. 신체부위별 집중 테크닉을 실시할 경우 심장에서 가장 먼 곳부터 진행하고 얼굴(face) 관리는 림프순환의 방향대로 실시한다. 신체후면 등 관리는 목부터 시작하여 승모근, 능형근, 척추기립근, 중둔근 방향으로 실시하며 신체후면 하체 관리는 발바닥, 종아리, 대퇴부, 둔부의 방향으로 진행한다.

3) 속도와 리듬(Rate, Rhythm)

처음 들어가는 관리는 천천히 부드럽게 실시함으로써 긴장을 완화시켜주고 안정감을 준다. 본 관리부터 신체의 넓은 부위는 강하게 진행하고 좁은 부위는 뼈를 건드리지 않는 범위 내에서 부드럽고 천천히 진행한다. 뱀부(대나무)를 반복해서 집중 관리해야 하는 넓은 부위는 신체부위에 밀착하여 빠르게 마치 춤추듯이 리드미컬하게 진행한다. 마무리 관리는 천천히 부드럽게 실시하여 고객을 편안하게 마무리를 해준다.

4) 연결성(Connectivity)

뱀부(대나무)는 길이가 긴 장점이 있기 때문에 신체부위의 넓은 면적을 밀착하여 관리 시 짧은 시간에 쉽게 많은 신체부위를 관리할 수 있다. 따라서 뱀부테라피 시 테크닉의 동작과 동작의 전환 연결성이 정확하고 매끄럽게 진행되어야 한다.

5) 자세(Position)

뱀부테라피에서 자세는 매우 중요하다. 피부미용관리사는 뱀부테라피 관리 시 테라피 효과를 높이기 위하여 어깨넓이 정도 다리를 벌리고 무릎을 구부린 후 체중을 실어 왔다 갔다 하면서 관리사가 운동하듯이 실시한다. 전신 몸매관리 시 관리사의 체중을 실어 관리함으로써 어깨, 손목, 손가락 등 긴장과 피로를 감소시켜 주어 관리의 효율을 높일 수 있다. 관리사의 체중을 싣지 않고 손으로만 뱀부테라피를 진행할 경우 효과적인 테크닉이 나올 수 없다. 뱀부테라피는 고객과 관리사가 동시에 힐링할 수 있는 테라피로 고객과 함께 그 시간을 즐겨야 한다.

6) 관리시간(Administrative time)

고객의 신체부위의 상태와 컨디션에 따라 관리하는 시간을 조정한다. 얼굴(face) 관리는 대체적으로 1시간 정도 소요되며 그 중 뱀부테라피를 적용하는 시간은 10분~20분 정도 소요된다. 부분 보디 뱀부테라피는 30분~1시간 정도 소요되며 전신보디 뱀부테라피는 대체로 1시간~2시간 정도 소요된다.

7) 관리횟수(Administrative repeat)

고객의 피부상태, 신체부위, 관리목적, 연령 등 상태에 따라 다르다. 보통 주 1~2회 정도 관리가 적당하나 피부 상태가 호전되면 2주에 1번씩 방문할 수 있도록 권유한다.

8) 매개체(Media)

뱀부테라피는 자연이 주는 치유요법 중 하나로 뱀부와 잘 어울리는 자연의 향이 담겨 있는 보디(body)오일이 중요한 역할을 한다. 그 중 개인이 선호하는 아로마 오일이나 향이 없는 캐리어 오일, 호호바 오일이 적합하다. 오일 농도가 무거운 보디(body)오일은 뱀부테라피 시 끈적임이 심하여 뱀부(대나무)의 방향성을 잃어버리므로 소프트한 농도의 보디(body)오일이 적합하다.

Ch# 02

수행 전 뱀부테크닉 위생관리

뱀부테라피 고객관리 시 피부관리사의 위생관리와 태도, 공중위생법상 피부관리사의 준수사항에 대하여 알아본다.

❶ 피부미용사의 위생관리와 태도

피부관리실에서 관리사의 위생은 고객접견에서 시작하여 피부관리 마무리까지 개인위생이 청결하고 단정하여야 하며 언어 또한 차분하고 절제되어야 한다.

- 유니폼은 언제나 청결하고 단정해야 한다.
- 부드러운 메이크업을 유지하며 미소를 머금으며 고객을 응대한다.
- 헤어스타일은 단정하게 묶거나 핀으로 고정한다.
- 입냄새 및 체취에 대한 청결을 유지하고 마스크를 항상 착용한다.
- 팔지, 시계, 반지 등의 액세서리는 착용하지 않는다.
- 관리 전후 또는 관리 사이사이 손 소독을 수시로 한다.
- 손톱은 짧게 유지하며 네일 폴리머는 바르지 않는다.
- 언어는 예의 바르게 차분하게 절제된 대화를 나눈다.
- 실내화는 소리가 나지 않게 주의한다.
- 향이 강한 향수는 사용하지 않는다.

② 고객중심의 공간구분과 공중위생법상 내부위생

고객에게 안정된 분위기를 제공하기 위해 상담실과 작업실의 공간분리가 필요하며 작업동선을 고려하여 배치하도록 한다.

- 상담실, 피부관리룸, 탈의실, 파우더룸, 화장실, 탕비실 등 구분한다.
- 매장은 언제나 위생적으로 청결하게 소독하여 관리하여야 한다.
- 매장 내 시설물 및 피부관리 시 사용하는 관련 미용기기와 도구는 청결하게 수시로 소독한다.
- 벨, 문 손잡이, 전화기, 상담테이블 등은 하루에도 몇 번씩 청결하게 소독한다.

③ 공중위생법상 피부관리 시 관련용품의 위생

코로나19로 공중위생법상 위생관리는 더욱 더 강화되었다. 피부관리실에서는 이미 오래 전부터 철저한 위생관리를 해왔던 상태로서 코로나19 사태 이후로 조금 더 세심하고 철저하게 소독과 방역에 힘쓰도록 한다.

- 일회용품은 1회 사용한다.
- 웨건의 화장품 및 집기류는 사용 전후 소독한다.
- 화장품을 덜어서 사용할 때 스패출러를 사용하고 뚜껑을 닫아둔다.
- 사용한 기구와 집기류는 깨끗하게 세척한 후 자외선 소독기에서 소독한다.
- 소독한 기구와 집기류는 각각 다른 용기에 넣어 보관한다.
- 피부관리 후 1회 사용한 타월, 터번, 고객가운 등은 고온 세탁하고 고온 건조하여 청결하게 관리한다.
- 고객 실내화는 1회용을 사용하거나, 그 외 실내화는 주기적으로 세탁하거나 소독하여 청결하게 관리한다.
- 고객관리 후 베드와 피부관리룸 안 전체를 소독하고 공기청정기를 파워모드로 바꿔놓아 공기를 정화시킨다.

뱀부테라피 테크닉 수행하기

03
PART

Ch# 01

뱀부테라피 테크닉 수행 순서

❶ 피부미용 고객상담(Skincare Costomer Counseling)

1) 방문동기 파악하기

고객이 피부미용관리실을 어떤 경로로 오게 되었는지 방문 목적을 파악한다. 옥외광고(배너, 전단지, 간판), SNS(인스타그램, 페이스북), 온라인 광고(키워드 검색, 블로그, 홈페이지), 지인소개로 인한 방문 등이 있다. 고객이 피부미용관리를 받기 전 니즈를 파악하여 수행 가능한 서비스를 제안하고, 고객에게 필요한 피부미용관리 프로그램을 제시하기 위하여 방문동기를 파악한다. 일반적인 피부상태의 개선, 여드름 피부의 개선, 예민 피부의 개선, 색소침착 피부의 개선, 작은 얼굴관리, 얼굴윤곽 관리, 체형 관리, 슬리밍 관리, 비만개선, 셀룰라이트 관리, 피부유형에 알맞은 화장품 구매 등을 파악한다. 고객에게 피부미용 전문가로서 그 동안의 관리 전후의 스토리를 듣고 어떠한 방향으로 솔루션을 진행할 것인지 파악한다.

2) 고객응대 및 상담

고객과의 첫 만남 3초 동안의 첫 인상이 중요하다. 피부미용의 고객 상담은 고객으로부터 긍정적인 기대를 가질 수 있도록 편안하고 청결한 상담환경을 조성하고, 피부미용의 전문적인 지식과 태도를 갖추도록 한다. 방문 시 고객응대, 전화응대, 관리 후 문제가 생겼을 때 고객응대 등이 있다. 관리 후 고객이 피부유형에 알맞은 화장품 구매를 할 경우를 대비하여 피부관리사는 화장품 성분에 대하여 평상시에 철저히 준비하여 구매까지 이루어지도록 노력한다.

3) 고객관계관리(CRM, Customer Relationship Management) 차트 작성

고객관계관리는 고객에 대한 광범위하고 구체적인 정보를 바탕으로 개개인에게 적합한 피부미용 관리 및 서비스를 제공함으로써 고객과의 관계를 지속적으로 유지하며 고객에 대한 정보자료를 정리하고 분석하여 고객유형에 적합한 마케팅 전략을 구축한다. 고객 차트를 작성한 후 피부유형 및 몸매 진단차트를 작성한다.

4) 신체 분석

고객 관리차트를 작성하고 작성된 관리차트의 피부 및 몸매 상태를 문진법, 견진법, 촉진법 등의 상담을 통해 피부 및 신체를 살펴본 후 상태에 적합한 피부미용기기나 도구를 활용하여 분석한다.

5) 솔루션 계획

분석한 피부 및 몸매의 관리 프로그램을 계획하여 피부 및 몸매 관리 계획표를 작성하고 뱀부테라피를 수행한다.

6) 관리 후 상담

피부 및 몸매 관리에 대한 뱀부테라피가 종료된 후 고객의 만족도 여부를 체크하고 확인한다. 고객이 다음 방문 시까지 자가 관리 방법에 대한 카운슬링(Counseling)을 해주고 지속적인 고객관리가 이루어질 수 있도록 한다.

❷ 고객 상담 후 뱀부테라피를 위한 수행 준비

① 고객 상담이 끝난 후 고객을 탈의실로 안내한다. 개인 소지품과 액세서리를 제거하고 탈의를 하여 사물함에 보관한 다음 관리용 가운으로 갈아입는다.

② 가운을 착용한 고객을 테라피 베드로 안내하고 뱀부 관리 시 금기사항과 주의사항을 체크한다.

③ 뱀부테라피를 적용하는 부위만 노출되도록 하고 나머지 부위는 수건이나 시트 등으로 감싸거나 덮어주어 고객이 편안하게 관리 받을 수 있도록 한다.

④ 관리사는 관리 부위에 맞는 소독된 뱀부 스틱을 미리 준비한다.

❸ 뱀부(대나무)테라피 실기 준비물

뱀부(대나무), 화장솜, 손 소독 알코올, 뱀부전용오일, 타월, 헤어 터번, 오일 볼, 오일 붓, 뱀부전용 소독제품 등

❹ 피부 유형에 알맞은 뱀부의 온도 조절

- 온열 뱀부 : 33~45도의 온도에서 따뜻하게 데워서 인체에 테크닉을 수행한다.
- 냉 뱀부 : 더운 여름철 고객이 시원한 관리를 원할 때 수행한다.

❺ 신체 부위에 알맞은 뱀부테라피 수행

1) 얼굴

① 얼굴 부위에 알맞은 위생적으로 소독된 뱀부 스틱을 준비한다.

② 고객을 베드로 안내한 후 테라피 시작 전 스트레칭을 통하여 근육의 활동범위를 간단하게 파악한다.

③ 뱀부 스틱에 붓을 이용하여 아로마 오일을 바른 후 얼굴부위에 도포한다.

④ 얼굴부위에 필요한 매뉴얼 테크닉과 응용테크닉을 활용하여 테라피를 실시한다.

⑤ 중간 중간 뱀부 스틱에 붓을 이용하여 아로마 오일을 발라주어 테크닉 시 자극 없이 부드럽게 이어서 진행한다.

2) 뒷목

① 뒷목 부위에 알맞은 위생적으로 소독된 뱀부 스틱을 준비한다.

② 고객을 베드로 안내한 후 테라피 시작 전 스트레칭을 통하여 근육의 활동범위를 간단하게 파악한다.

③ 뱀부 스틱에 붓을 이용하여 아로마 오일을 바른 후 목 부위에 도포한다.

④ 목 부위에 필요한 매뉴얼 테크닉과 응용테크닉을 활용하여 테라피를 실시한다.

⑤ 중간 중간 뱀부 스틱에 붓을 이용하여 아로마 오일을 발라주어 테크닉 시 자극 없이 부드럽게 이어서 진행한다.

3) 어깨

① 어깨 부위에 알맞은 위생적으로 소독된 뱀부 스틱을 준비한다.

② 고객을 베드로 안내한 후 테라피 시작 전 스트레칭을 통하여 근육의 활동범위를 간단하게 파악한다.

③ 뱀부 스틱에 붓을 이용하여 아로마 오일을 바른 후 신체부위에 도포한다.

④ 어깨부위에 필요한 매뉴얼 테크닉과 응용테크닉을 활용하여 테라피를 실시한다.

⑤ 중간 중간 뱀부 스틱에 붓을 이용하여 아로마 오일을 발라주어 테크닉 시 자극 없이 부드럽게 이어서 진행한다.

4) 신체후면 등, 팔

① 신체후면 등, 팔 부위에 알맞은 위생적으로 소독된 뱀부 스틱을 준비한다.

② 고객을 베드로 안내한 후 테라피 시작 전 스트레칭을 통하여 근육의 활동범위를 간단하게 파악한다.

③ 뱀부 스틱에 붓을 이용하여 아로마 오일을 바른 후 신체부위에 도포한다.

④ 등 부위에 필요한 매뉴얼 테크닉과 응용테크닉을 활용하여 테라피를 실시한다.

⑤ 중간 중간 뱀부 스틱에 붓을 이용하여 아로마 오일을 발라주어 테크닉 시 자극 없이 부드럽게 이어서 진행한다.

5) 신체후면 둔부, 대퇴부

① 둔부와 하체후면 부위에 알맞은 위생적으로 소독된 뱀부 스틱을 준비한다.

② 고객을 베드로 안내한 후 테라피 시작 전 스트레칭을 통하여 근육의 활동범위를 간단하게 파악한다.

③ 뱀부 스틱에 붓을 이용하여 아로마 오일을 바른 후 신체후면 부위에 도포한다.

④ 신체후면 부위에 필요한 매뉴얼 테크닉과 응용테크닉을 활용하여 테라피를 실시한다.

⑤ 중간 중간 뱀부 스틱에 붓을 이용하여 아로마 오일을 발라주어 테크닉 시 자극없이 부드럽게 이어서 진행한다.

6) 신체후면 종아리, 발바닥

① 신체후면 종아리, 발바닥 부위에 알맞은 위생적으로 소독된 뱀부 스틱을 준비한다.

② 고객을 베드로 안내한 후 테라피 시작 전 스트레칭을 통하여 근육의 활동범위를 간단하게 파악한다.

③ 뱀부 스틱에 붓을 이용하여 아로마 오일을 바른 후 신체부위에 도포한다.

④ 신체후면 종아리, 발바닥 부위에 필요한 매뉴얼 테크닉과 응용테크닉을 활용하여 테라피를 실시한다.

⑤ 중간 중간 뱀부 스틱에 붓을 이용하여 아로마 오일을 발라주어 테크닉 시 자극 없이 부드럽게 이어서 진행한다.

7) 신체전면 액와(겨드랑이)와 가슴, 복부

① 신체전면 액와(겨드랑이)와 가슴, 복부 부위에 알맞은 위생적으로 소독된 뱀부 스틱을 준비한다.

② 고객을 베드로 안내한 후 테라피 시작 전 스트레칭을 통하여 근육의 활동범위를 간단하게 파악한다.

③ 뱀부 스틱에 붓을 이용하여 아로마 오일을 바른 후 신체부위에 도포한다.

④ 신체전면 액와(겨드랑이)와 가슴, 복부 부위에 필요한 매뉴얼 테크닉과 응용테크닉을 활용하여 테라피를 실시한다.

⑤ 중간 중간 뱀부 스틱에 붓을 이용하여 아로마 오일을 발라주어 테크닉 시 자극 없이 부드럽게 이어서 진행한다.

8) 신체전면 다리, 발

① 신체전면 다리, 발 부위에 알맞은 위생적으로 소독된 뱀부 스틱을 준비한다.

② 고객을 베드로 안내한 후 테라피 시작 전 스트레칭을 통하여 근육의 활동범위를 간단하게 파악한다.

③ 뱀부 스틱에 붓을 이용하여 아로마 오일을 바른 후 신체부위에 도포한다.

④ 신체전면 다리, 발 부위에 필요한 매뉴얼 테크닉과 응용테크닉을 활용하여 테라피를 실시한다.

⑤ 중간 중간 뱀부 스틱에 붓을 이용하여 아로마 오일을 발라주어 테크닉 시 자극 없이 부드럽게 이어서 진행한다.

Ch# 02

실전 뱀부테라피 매뉴얼테크닉

뱀부테라피는 신체관리 부위에 따라 다양한 길이와 직경의 뱀부(대나무)를 알맞게 수행한다.

[표 2-1] 뱀부테라피에 사용하는 뱀부 종류

구분	종류
보디 뱀부(body bamboo)	길이 40cm, 직경 3cm 길이 45cm, 직경 4cm 길이 50cm, 직경 4cm 길이 70cm, 직경 4.5cm
페이스 뱀부(face bamboo)	길이 25cm, 직경 1.5cm 길이 35cm, 직경 1.5cm
데콜테 뱀부(décolleté bamboo)	길이 40cm, 직경 1.5cm
손목, 손바닥, 발목, 발바닥	길이 25cm, 직경 3cm
목, 이깨, 허리받친용 뱀부	길이 47cm, 직경 11cm

얼굴관리

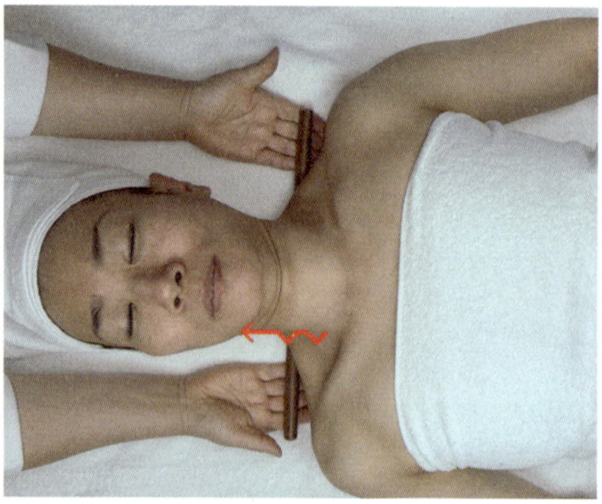

1. 목과 어깨의 연결부위에서 뒤통수 방향으로 목뼈 사이사이를 수직으로 들어 올리듯 스트레칭해준다.

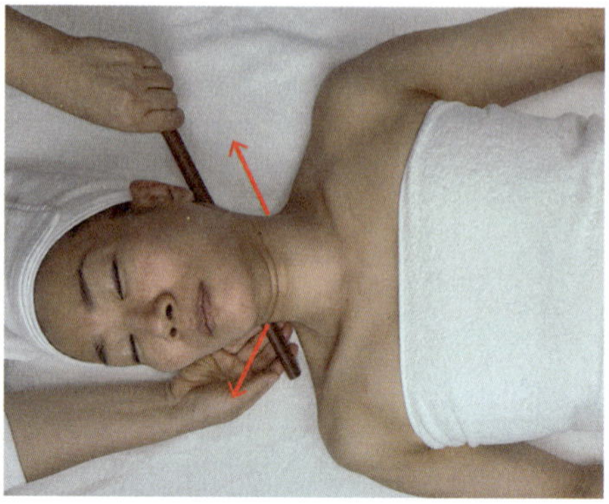

2. 뒤통수에서 좌·우로 머리를 스트레칭해준다.

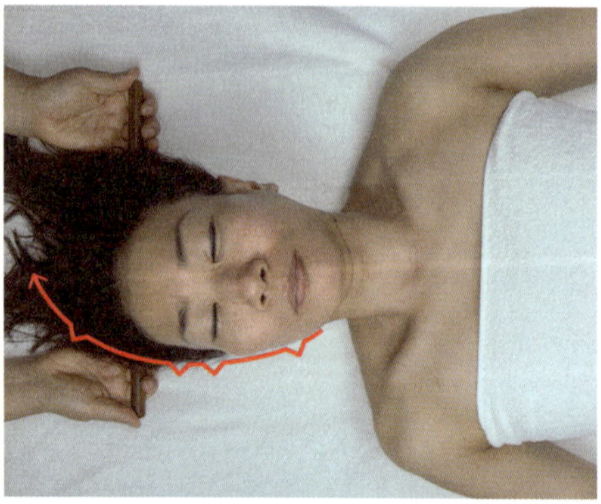

3. 뒤통수에서 정수리 방향으로 에너지 포인트를 들어 올리듯 롤핑해준다.

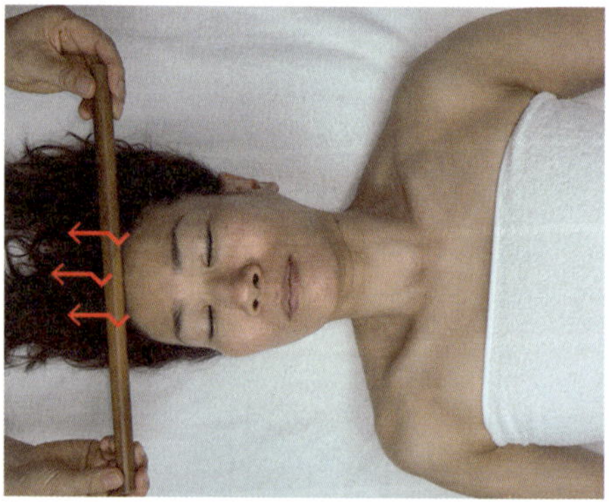

4. 헤어라인에서 정수리 방향으로 에너지 포인트를 들어 내리듯 롤핑해준다.

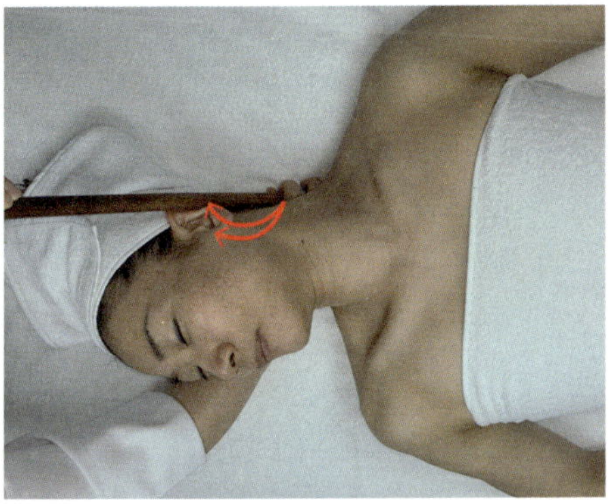

5. 귓바퀴 뒤쪽 꼭지돌기 부위를 들어 올리듯 반원그리기 해준다.

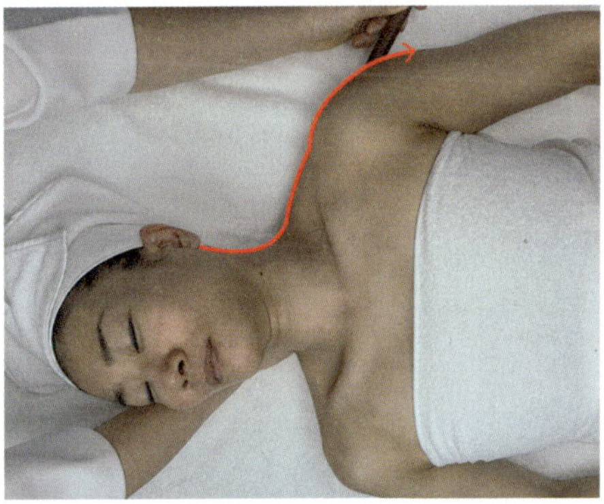

6. 귓바퀴 뒤쪽 → 목 뒷선 → 어깨관절 방향으로 슬라이딩하며 반원그리기 해준다.

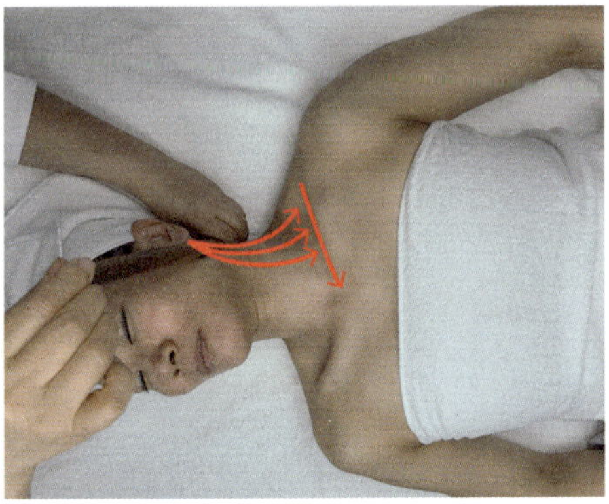

7. 귓바퀴 뒤쪽 → 목 옆선을 반원그리기 해주고 빗장뼈 앞쪽 방향으로 슬라이딩 해준다.

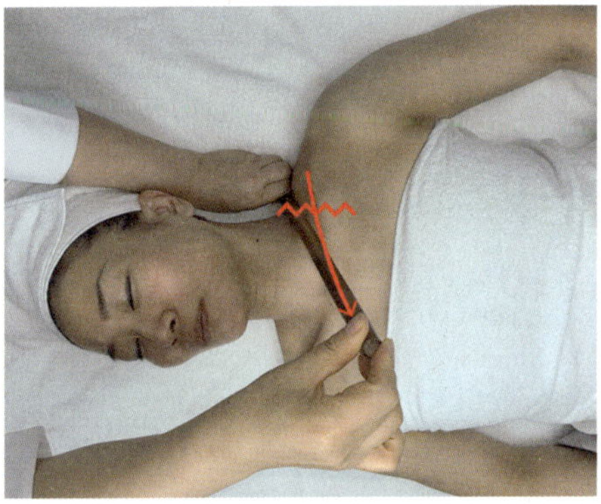

8. 어깨관절 부위를 90도 각도로 세워 떨기 해주고 빗장뼈 앞쪽 방향으로 슬라이딩해준다.(5~8번까지 양쪽을 번갈아 해준다).

9. 이마 전체를 쓸어내리듯 중앙에서 가장자리로 슬라이딩하며 원그리기 해준다.

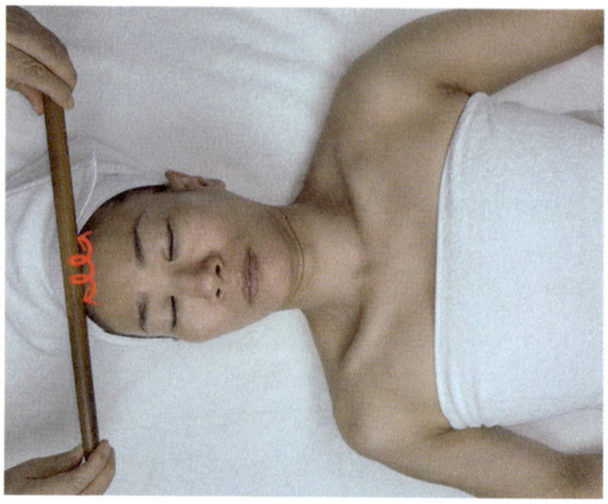

10. 이마 전체를 헤어라인으로 쓸어 올리듯 중앙에서 가장자리로 슬라이딩하며 원그리기 해준다.

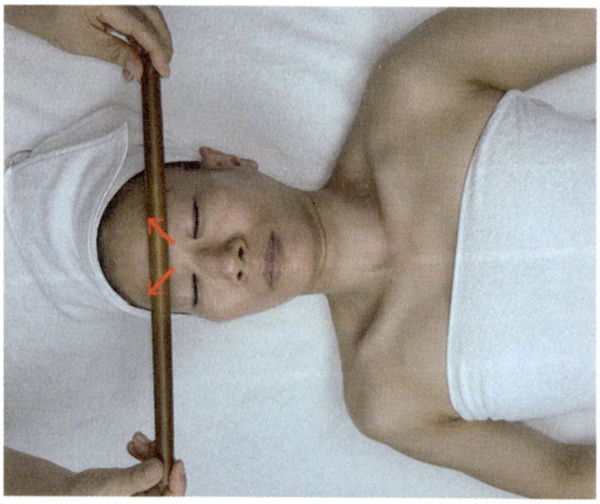

11. 양 눈썹 사이에서 좌·우로 롤링하며 사선그리기 해준다.

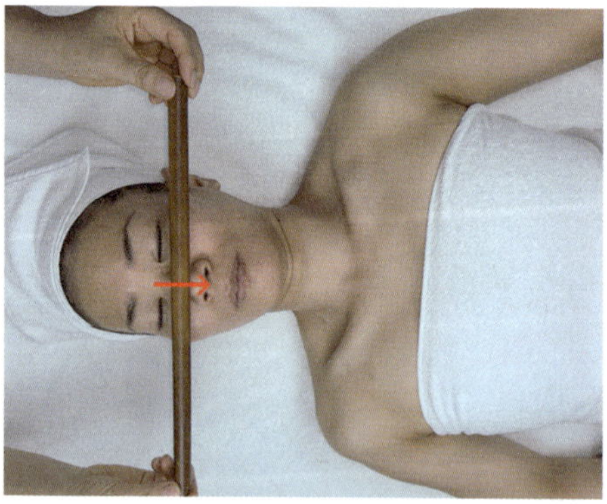

12. 콧등을 수직으로 슬라이딩하며 사선그리기 해준다.

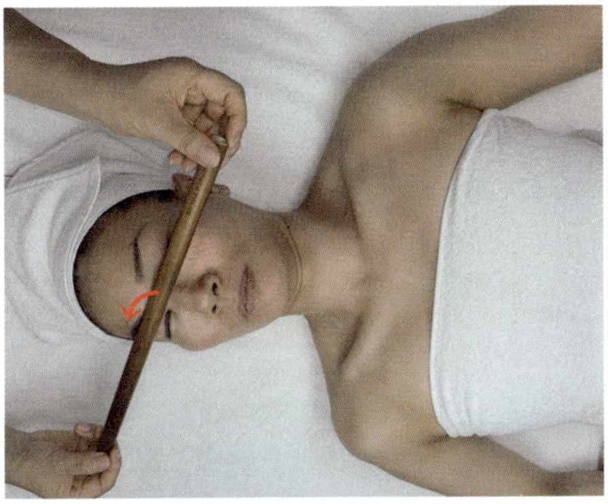

13. 눈썹뼈 부위를 끌어 올리듯 스핀해준다.

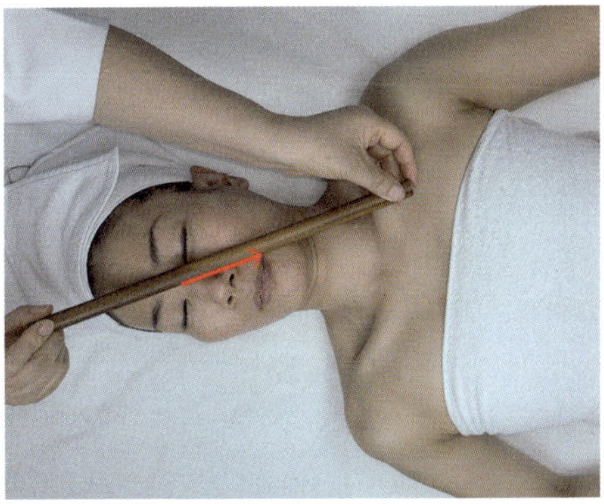

14. 반대쪽 콧마루 → 콧망울 방향으로 스핀하며 사선그리기 해준다(13~14번까지 좌·우 번갈아 해준다.).

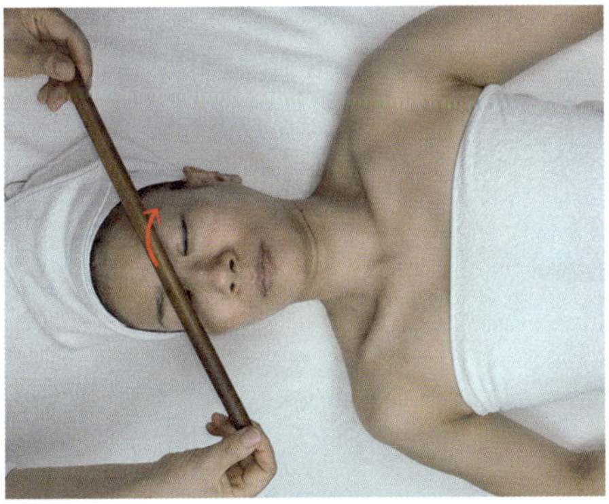

15. 눈썹 앞머리에서 꼬리 방향으로 사선그리기 해준다.

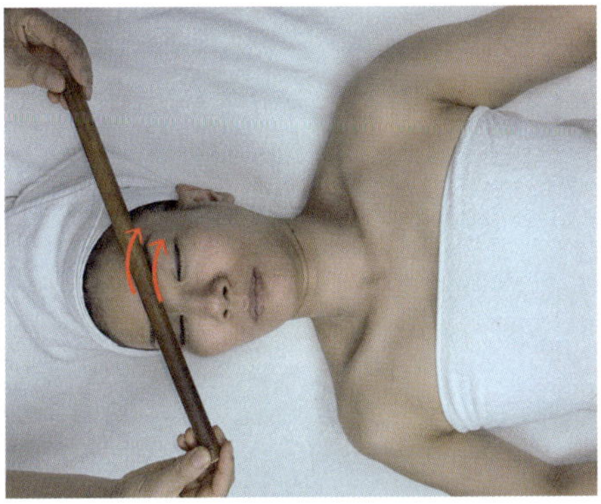

16. 눈썹을 가운데 두고 들어 올리듯 롤핑해주고 들어 내리듯 롤핑해준다.

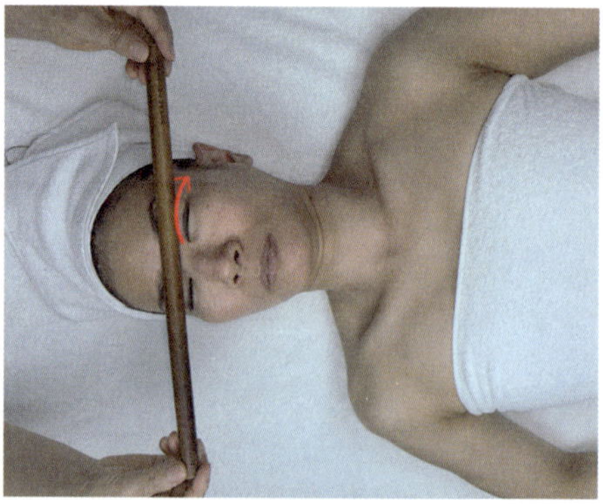

17. 눈두덩 부위를 쓸어 내리듯 스크롤하며 사선 그리기 해준다.

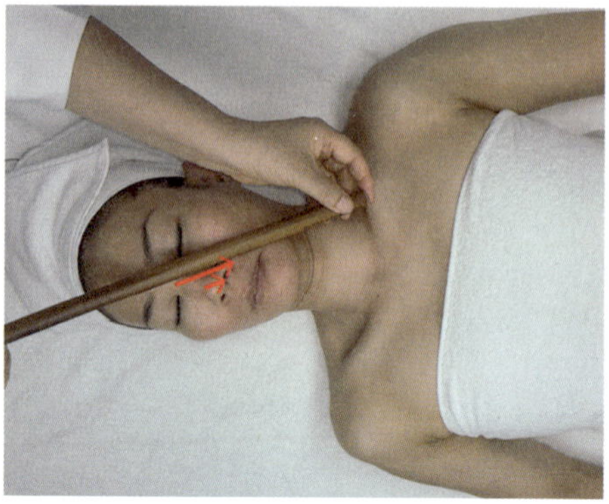

18. 콧마루를 사선그리기 해주고 스핀하며 사선 그리기 해준다.

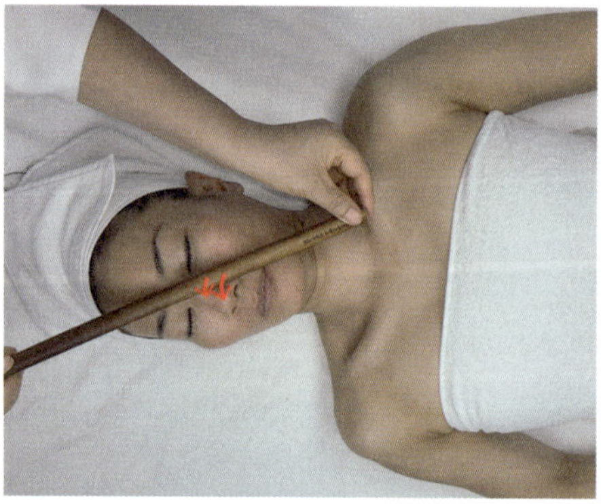

19. 코벽을 타고 들어 올리듯 스핀해준다.

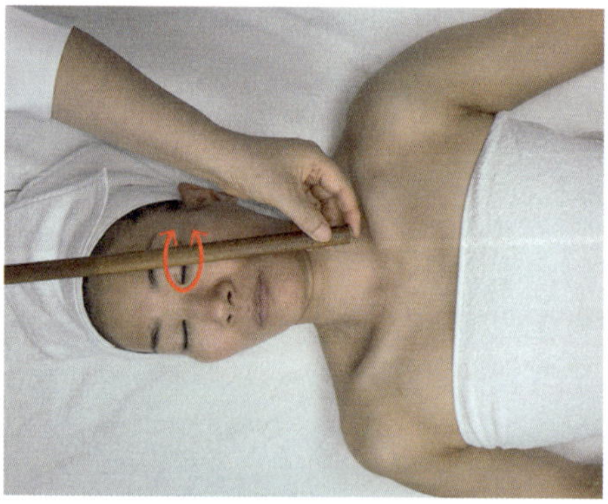

20. 눈 앞머리 → 귀 방향으로 눈 전체를 감싸며 사선그리기 해준다.

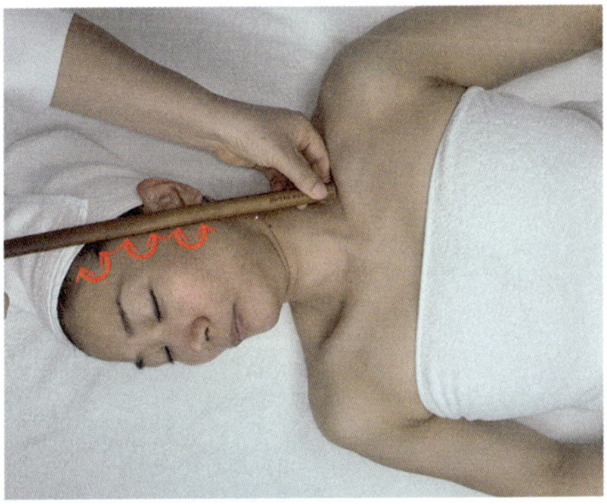

21. 눈의 가장자리와 턱관절 부위를 원그리기 해준다.

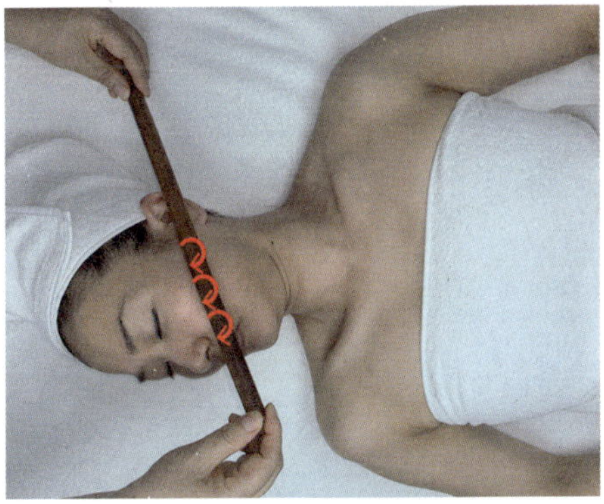

22. 윗볼에서 턱관절 방향으로 슬라이딩하며 원그리기 해준다.

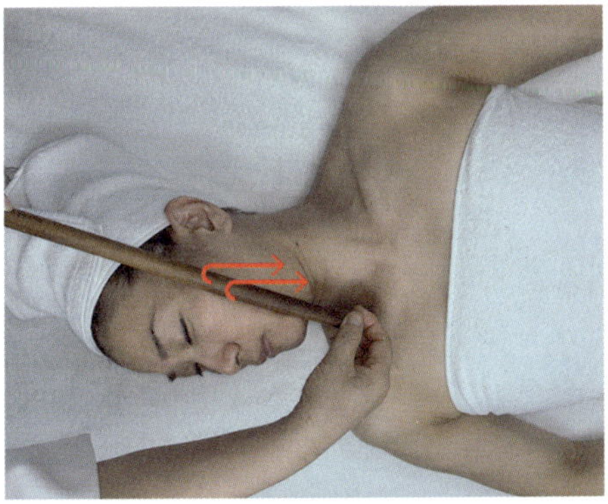

23. 아랫볼을 아래턱 방향으로 스핀하며 사선 그리기 해준다.

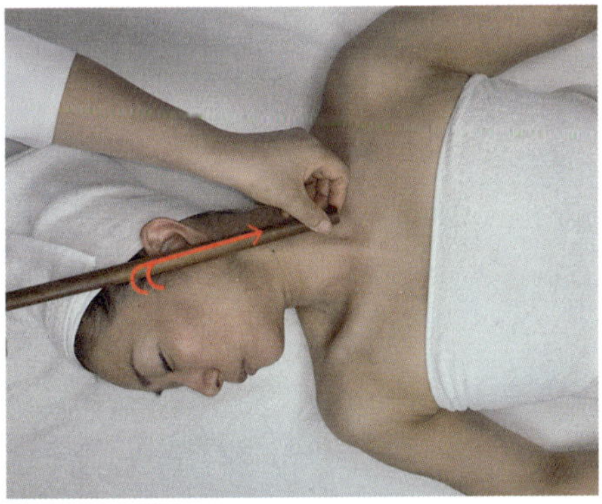

24. 옆머리 헤어라인에서 귀밑 방향으로 수직 사선그리기 해준다.

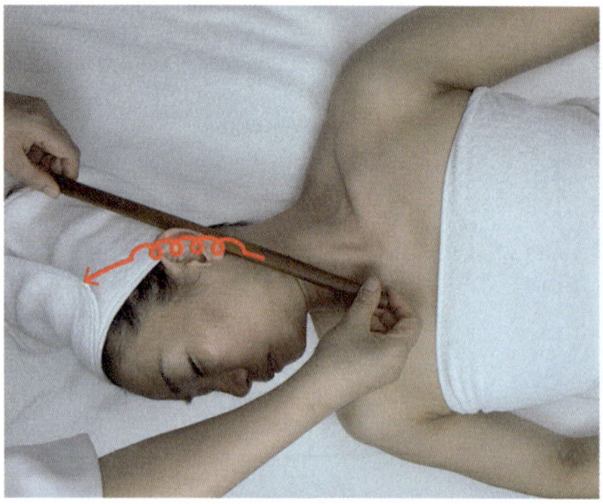

25. 귀밑 → 귓바퀴 뒤쪽 → 옆머리 방향으로 스크롤하며 사선그리기 해준다.

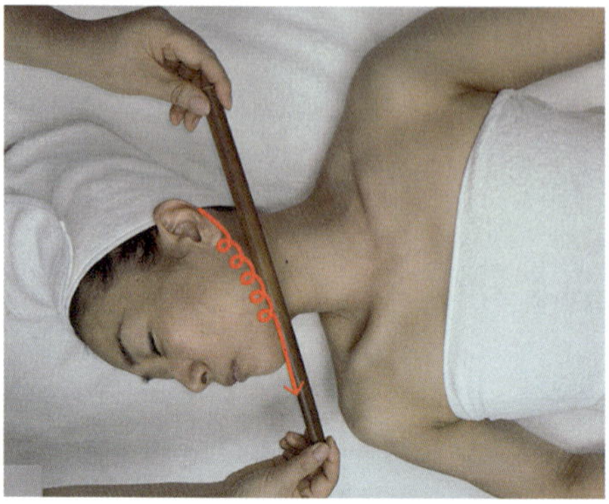

26. 귀밑 → 턱선 → 아래턱 방향으로 스크롤하며 사선그리기 해준다.

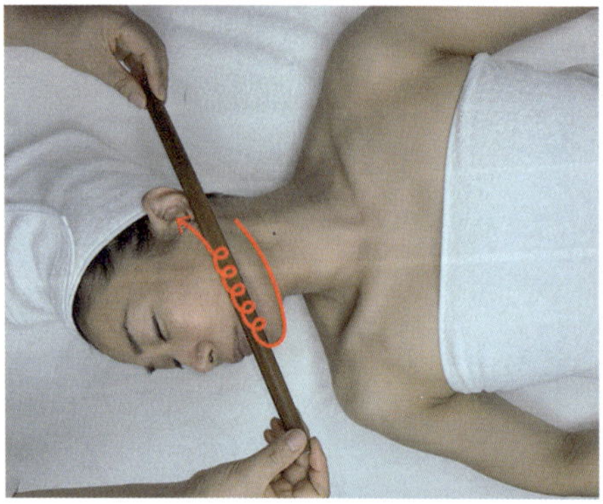

27. 귀밑 → 아래턱 → 턱 끝 방향으로 턱을 감싸며 귀 앞쪽으로 스크롤하며 사선그리기 해준다.

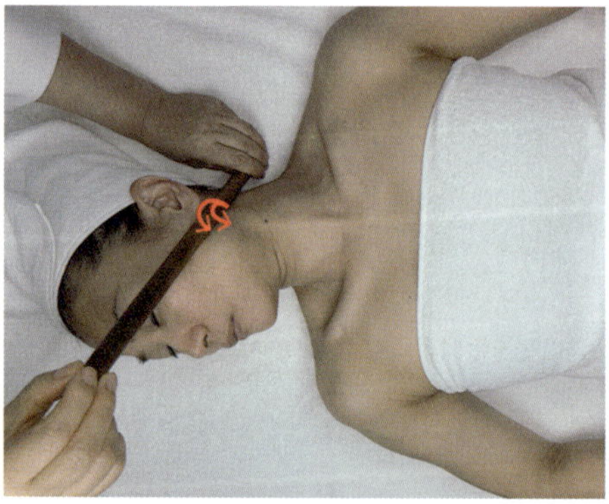

28. 귀밑 부위를 90도 각도로 세워 회전하며 반원그리기 해준다.

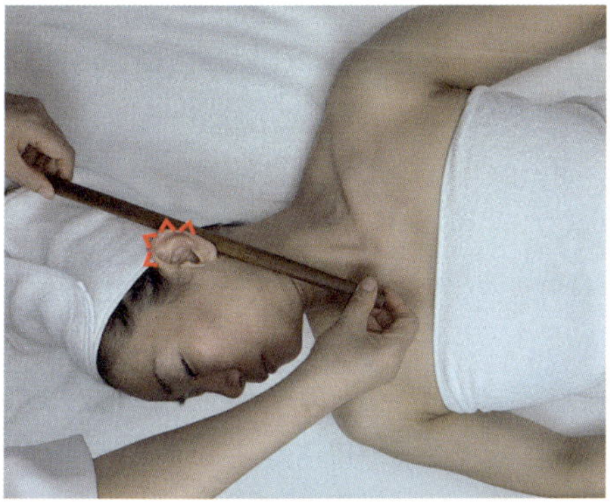

29. 귓바퀴 주변을 끌어 당기듯 롤핑해준다.

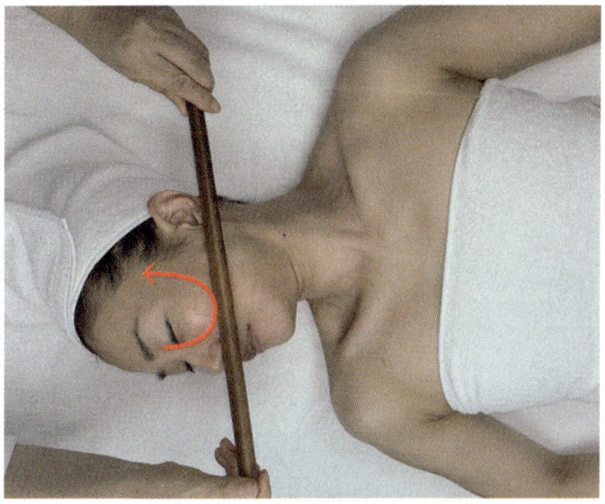

30. 앞볼 → 윗볼 → 턱관절 방향으로 눈을 감싸며 원을 그리듯 반원그리기 해준다.

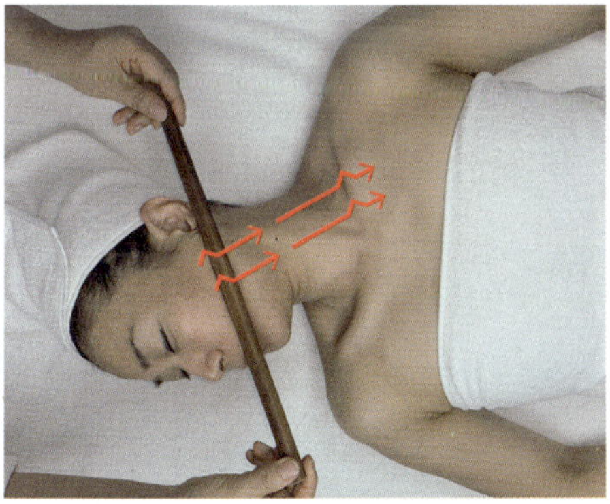

31. 위볼 → 턱 → 목 → 윗가슴 방향으로 수평면을 이용하여 롤핑해준다(15~31번까지 양쪽을 번갈아 해준다).

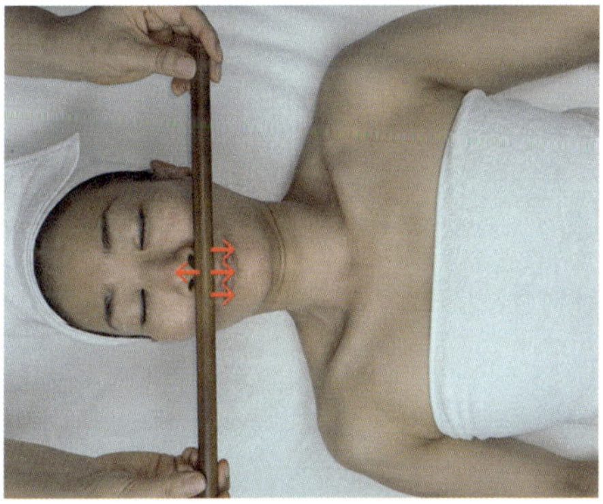

32. 코와 윗입술 사이에서 코끝과 입술 방향으로 상·하로 스핀해준다.

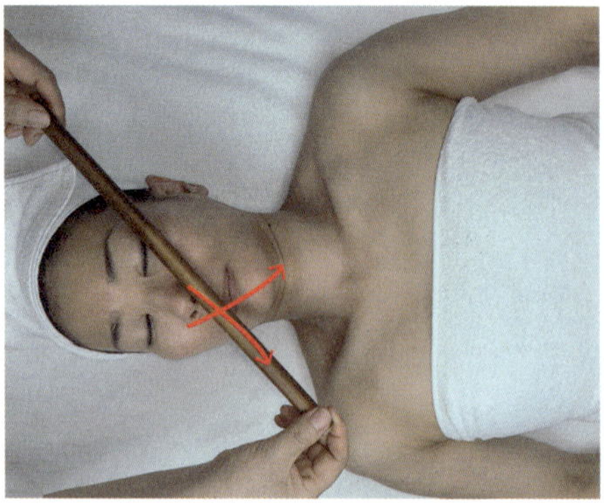

33. 서로 반대쪽 콧망울 방향으로 슬라이딩하며 사선그리기 해준다.

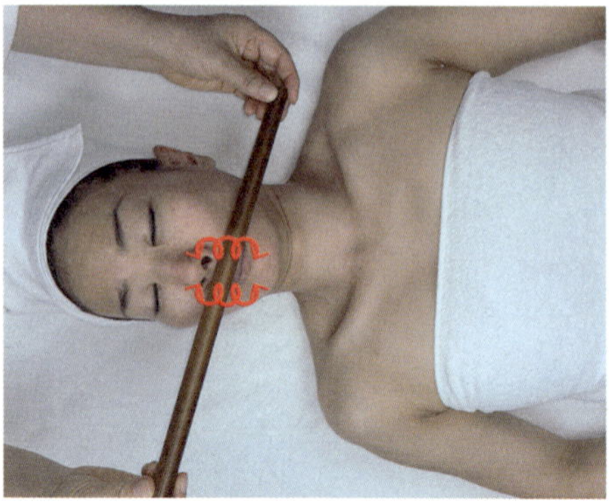

34. 입술 주변을 모아주듯이 스핀하며 롤링해준다.

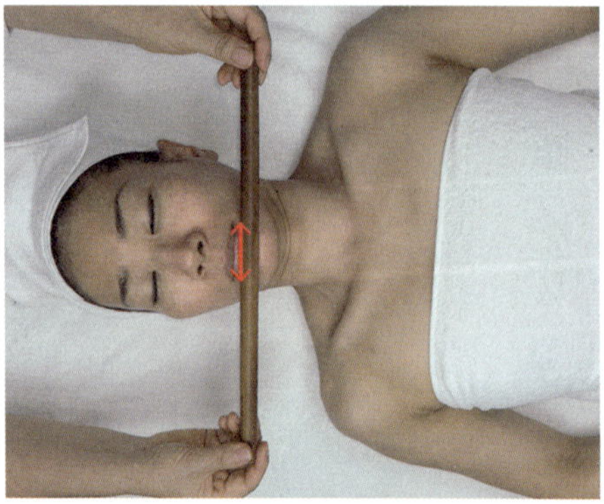

35. 아랫입술 부위를 수평으로 사선그리기 해준다.

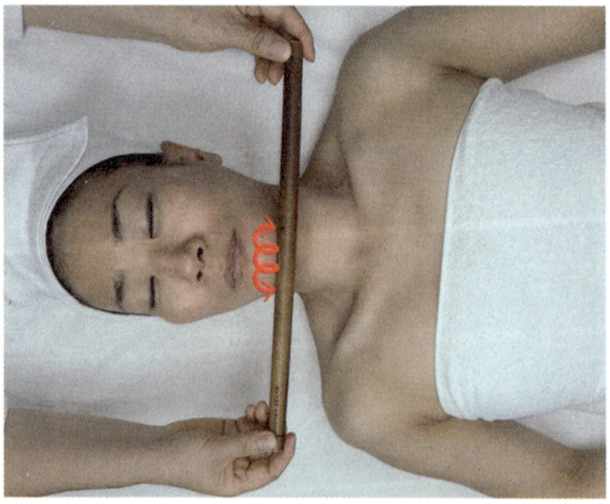

36. 아래턱 부위를 쓸어내리듯 원그리기 해준다.

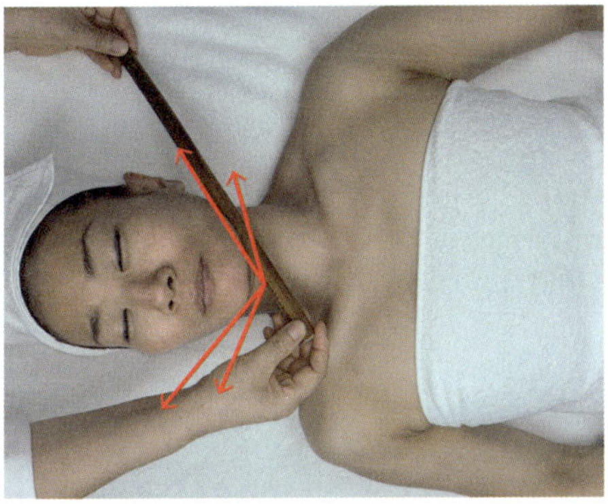

37. 아래턱과 목의 연결부위를 쪼개듯이 사선을 그리며 지그재그해준다.

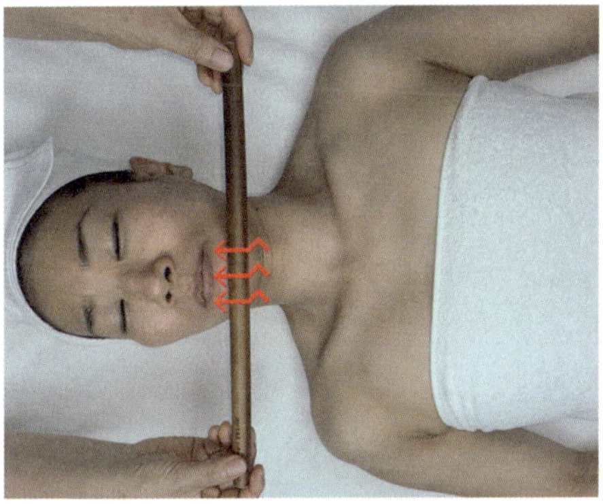

38. 턱 밑에서 턱 끝을 입술방향으로 끌어 올리듯 롤핑해준다.

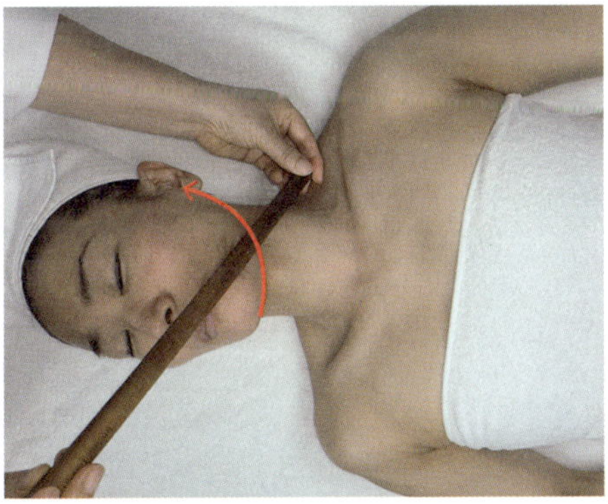

39. 턱 끝 중앙에서 귀밑 방향으로 턱선을 따라 좌·우 번갈아 슬라이딩해준다.

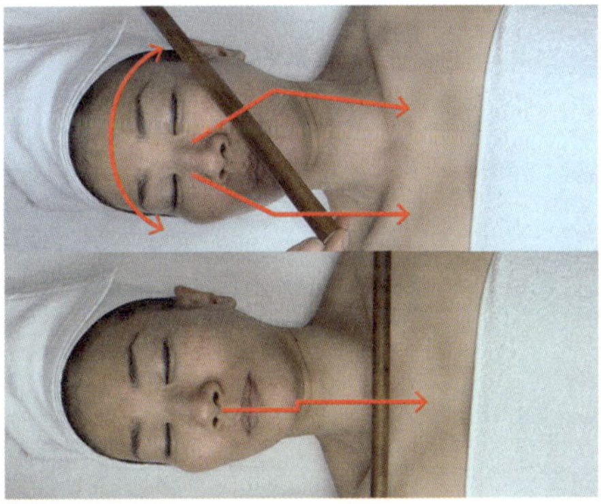

40. ① 눈 → 귀밑 → 빗장뼈 방향으로 슬라이딩
② 이마를 수평으로 슬라이딩
③ 눈 → 귀밑 → 빗장뼈 방향으로 슬라이딩
④ 코 → 턱 → 목 → 가슴 앞쪽으로 슬라이딩 하며 마무리 동작을 해준다.

신체 전면관리 - 복부관리

복부관리

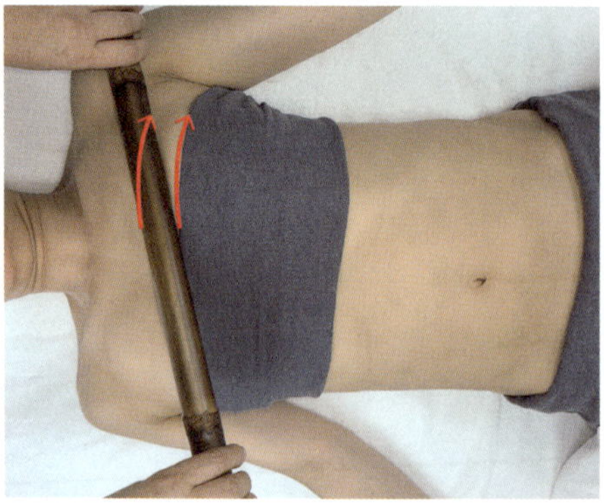

1. 가슴 위쪽을 좌·우로 번갈아 롤링하며 사선 그리기 해준다.

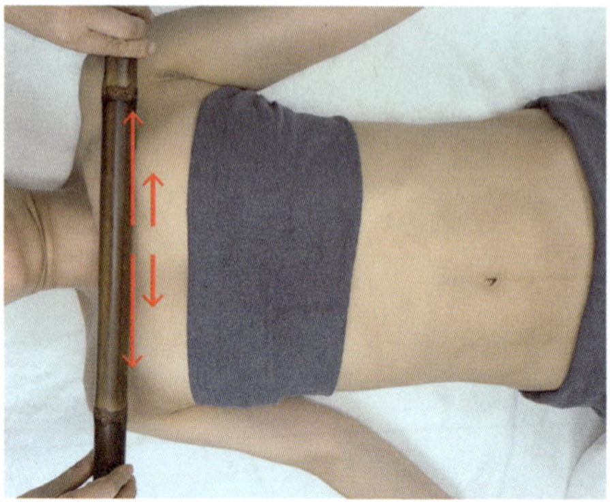

2. 윗가슴뼈 사이사이를 좌·우 수평으로 사선 그리기 해준다.

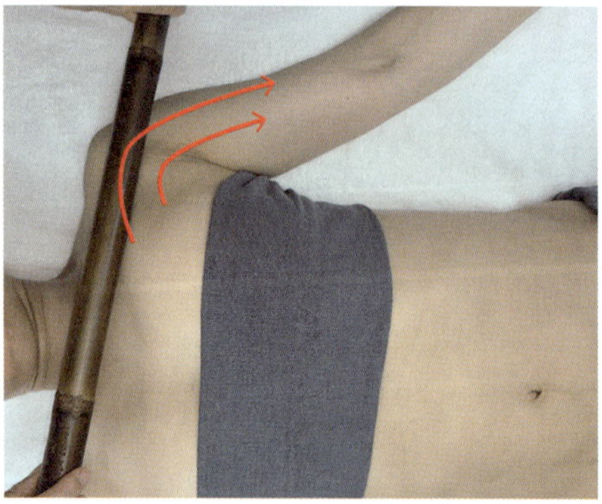

3. 어깨관절 부위에서 위팔 방향으로 원을 그리며 사선그리기 해준다.

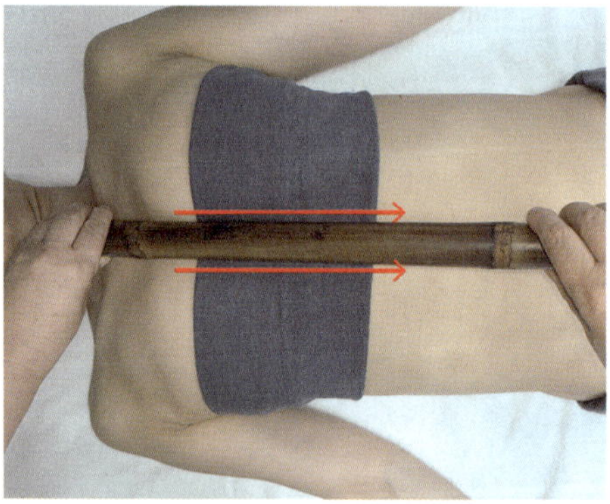

4. 가슴과 가슴 사이를 배꼽 방향으로 수직 사선 그리기 해준다.

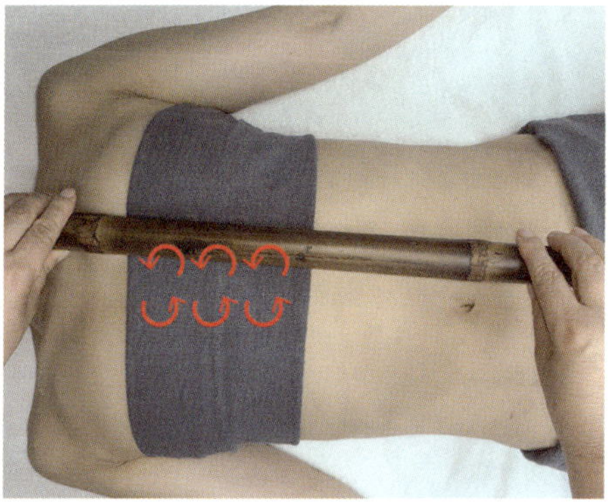

5. 가슴과 가슴 사이에서 양쪽 유두 방향으로 원 그리기 해준다.

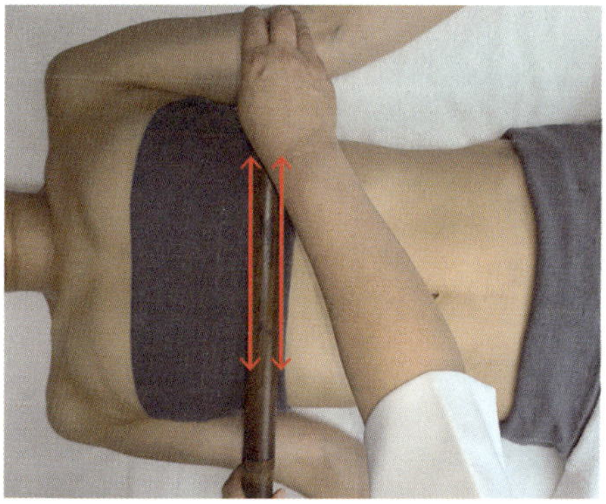

6. 가슴 아래 부위를 좌·우로 사선그리기 해준다.

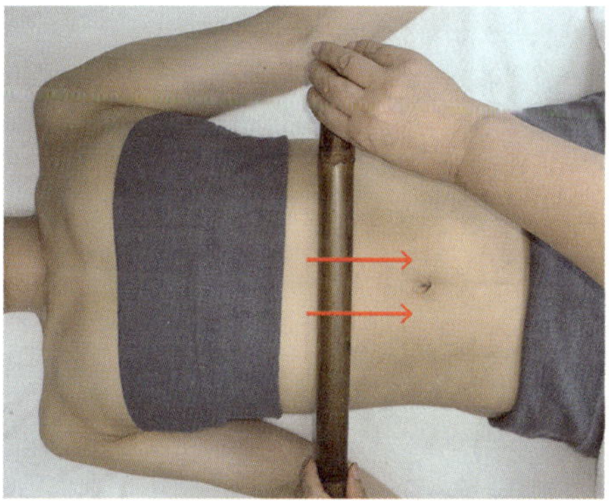

7. 윗배에서 배꼽 방향으로 슬라이딩하며 수직 사선그리기 해준다.

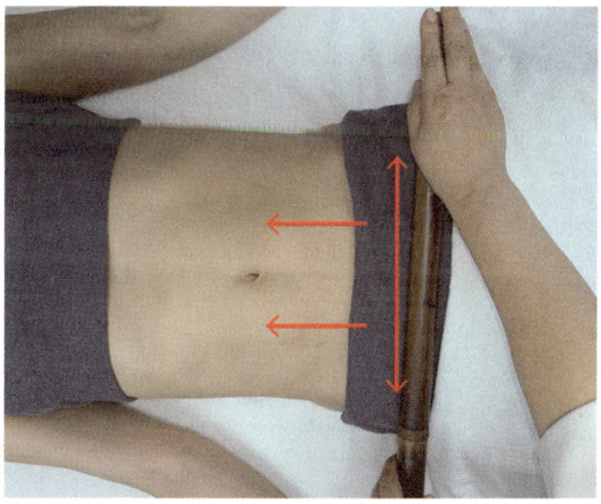

8. 두덩 부위를 사선그리기 해주고 아랫배에서 배꼽 방향으로 슬라이딩하며 수직 사선그리기 해준다.

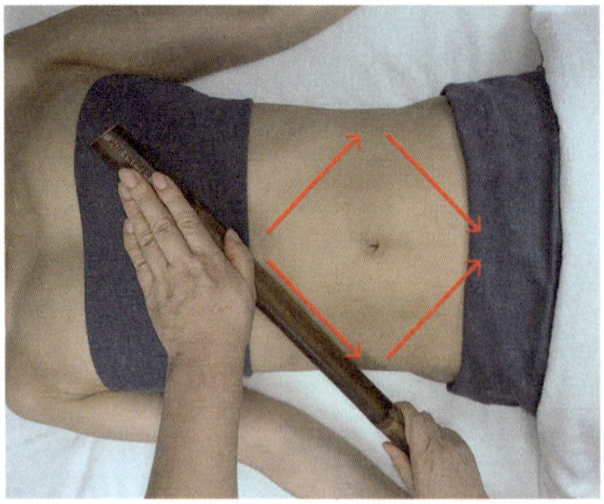

9. 가슴뼈와 윗배 연결부위를 사선그리기 해주고 아랫배와 넙다리 연결부위를 사선그리기 해준다.

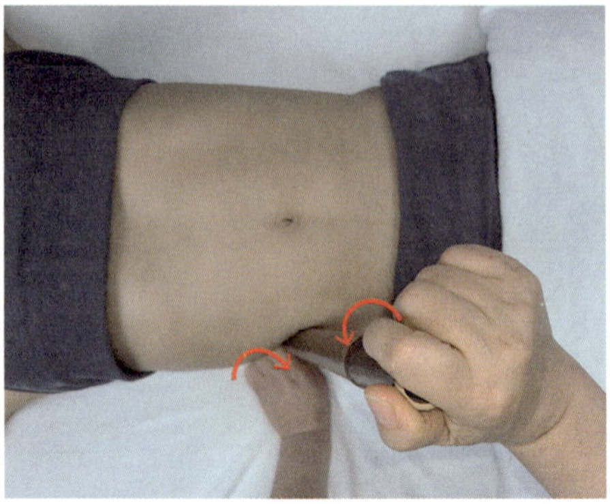

10. 엉덩관절에서 허리 방향으로 반원그리기 해주고 상·하로 롤링하며 모아주듯이 반원그리기 해준다.

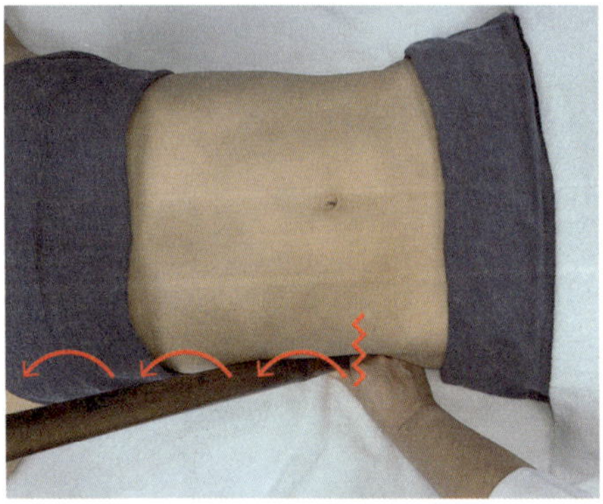

11. 허리부위를 90도 각도로 세워 떨기 해주고 몸통 옆선을 겨드랑이 방향으로 반원그리기 해준다.

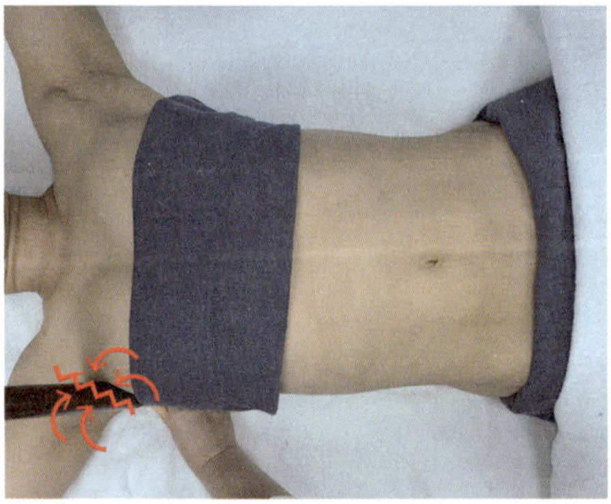

12. 어깨관절 부위 안쪽을 90도 각도로 세워 떨기 해주고 겨드랑이를 상·하로 롤링하며 모아 주듯이 반원그리기 해준다.

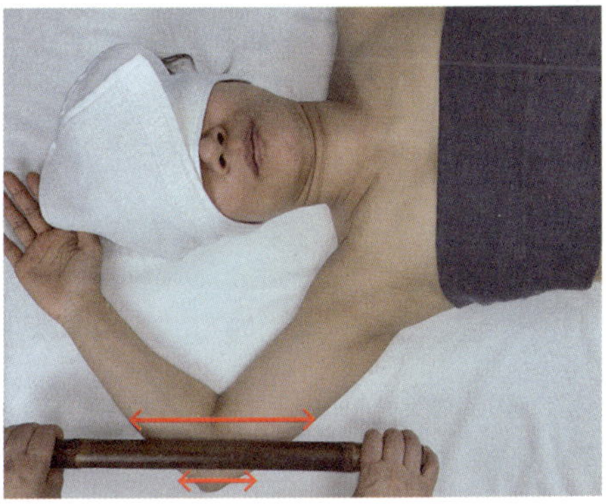

13. 팔꿉관절 부위를 좌·우로 사선그리기 해준다.

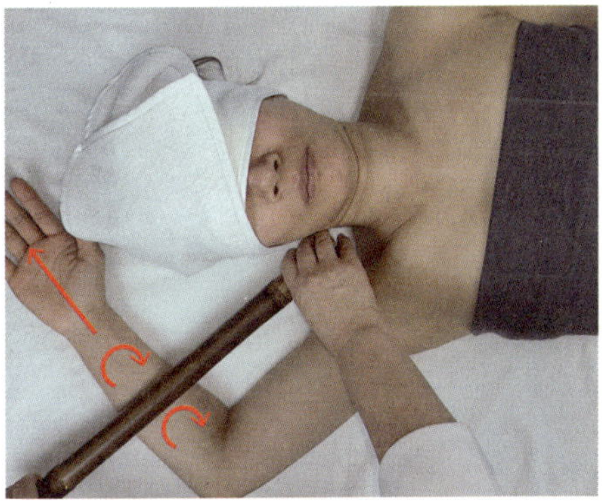

14. 아래팔을 원그리기 해주고 손바닥으로 슬라이딩해준다.

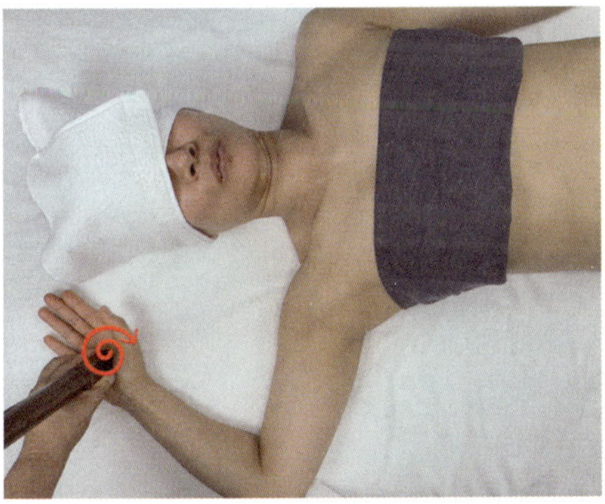

15. 손바닥의 에너지 포인트를 90도 각도로 세워 돌리기 해준다.

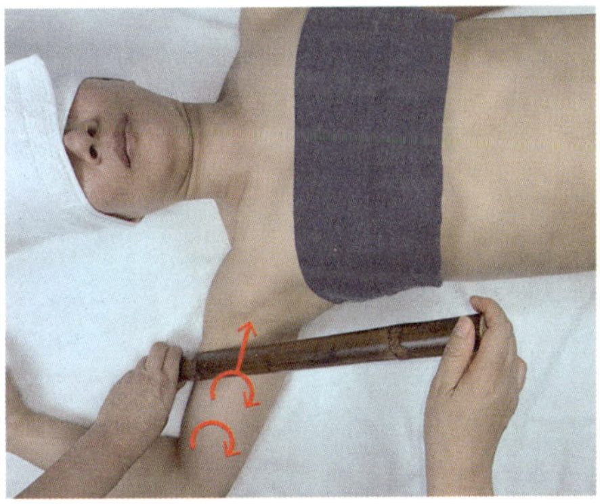

16. 위팔을 원그리기 해주고 겨드랑이 방향으로 슬라이딩 해준다.

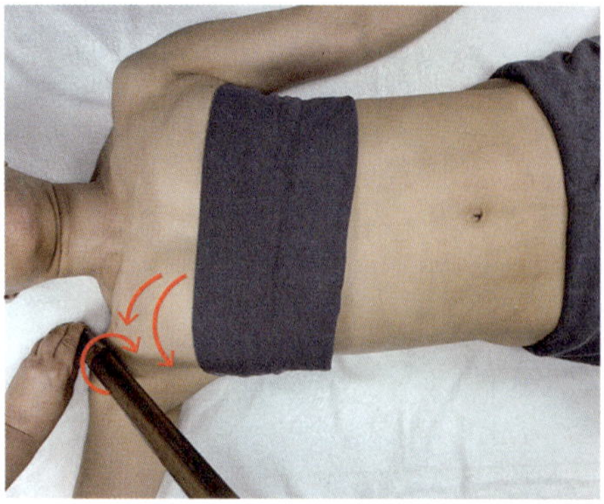

17. 어깨관절 봉우리 부위를 원그리기 해주고 윗가슴에서 팔 방향으로 슬라이딩하며 사선 그리기 해준다.

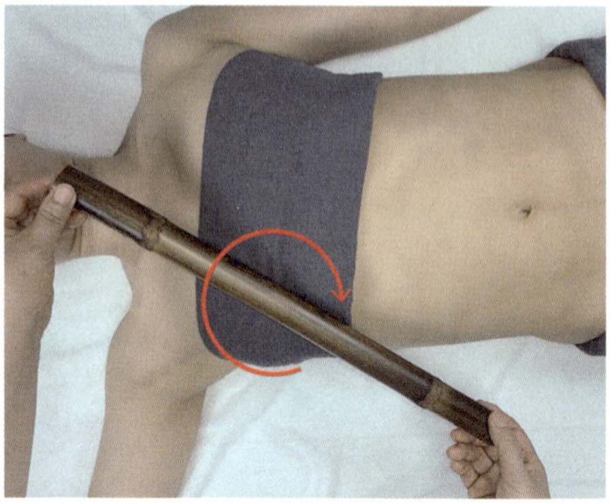

18. 가슴 전체를 감싸며 원그리기 해준다.

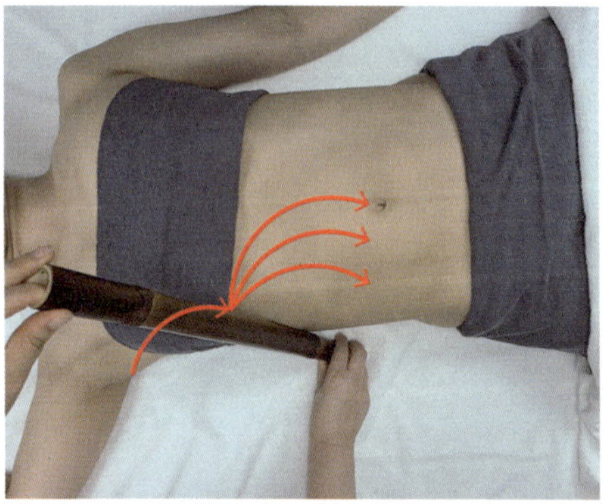

19. 겨드랑이 → 몸통 옆선 → 가슴뼈 → 윗배 방향으로 슬라이딩하며 반원그리기 해준다.

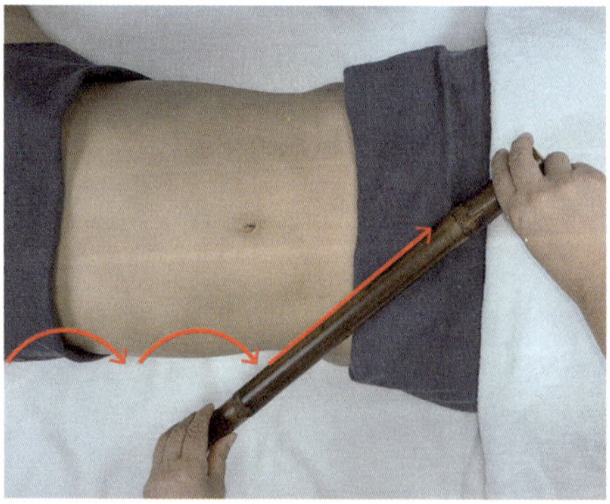

20. 겨드랑이 → 몸통 옆선 → 아랫배와 넙다리 연결부위 방향으로 반원을 그리며 슬라이딩해준다(10~20번까지 양쪽을 번갈아 한다).

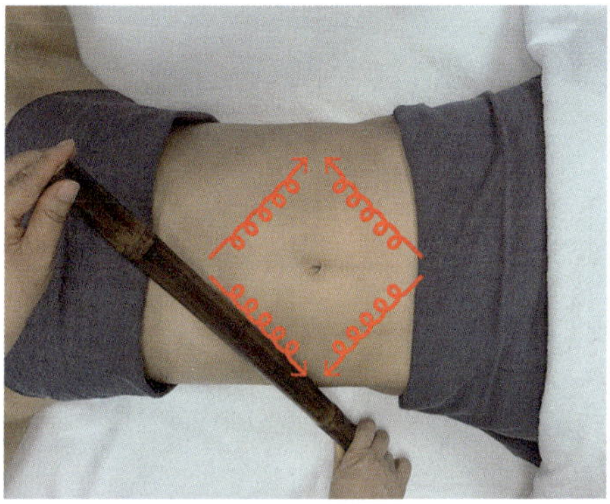

21. 가슴뼈와 윗배 연결부위, 아랫배와 넙다리 연결부위를 허리 방향으로 스크롤하며 사선 그리기 해준다.

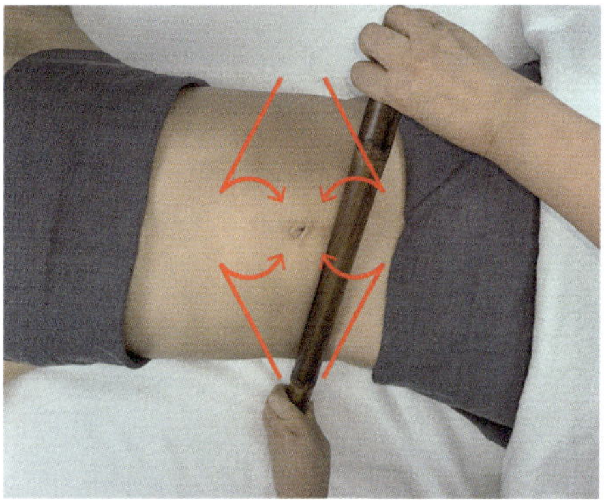

22. 가슴뼈와 윗배 연결부위, 아랫배와 넙다리 연결부위를 배꼽 방향으로 모아주듯이 롤링하며 반원그리기 해준다.

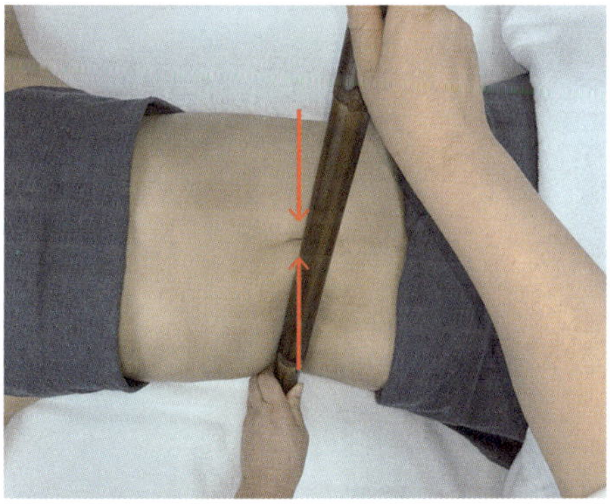

23. 양쪽 허리에서 배꼽 방향으로 모아주듯이 롤링해준다.

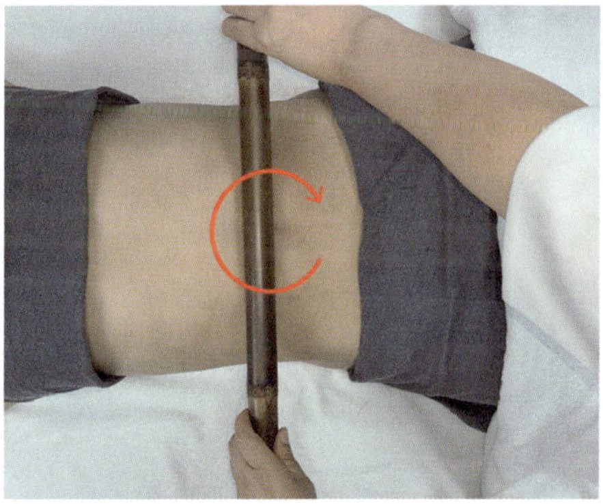

24. 배 전체를 원그리기 해준다.

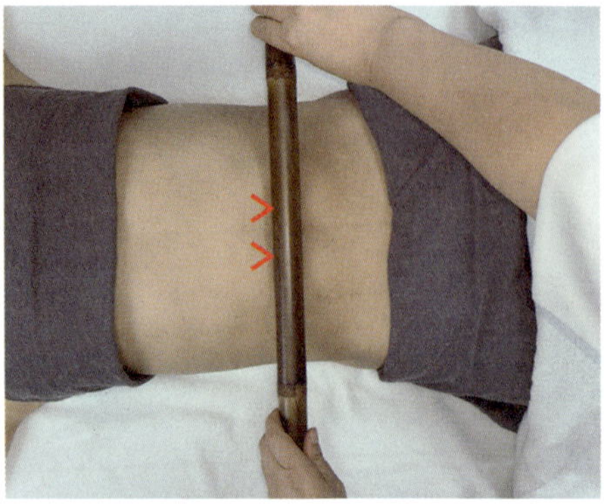

25. 배 전체를 가볍게 두들기기 해준다.

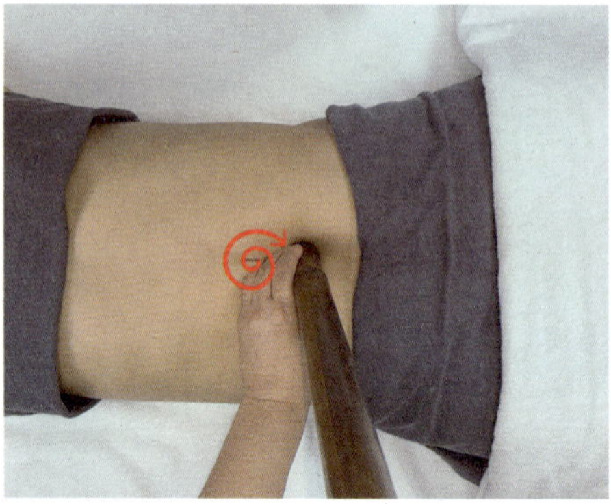

26. 배의 에너지 포인트를 돌리기 해준다.

다리라인

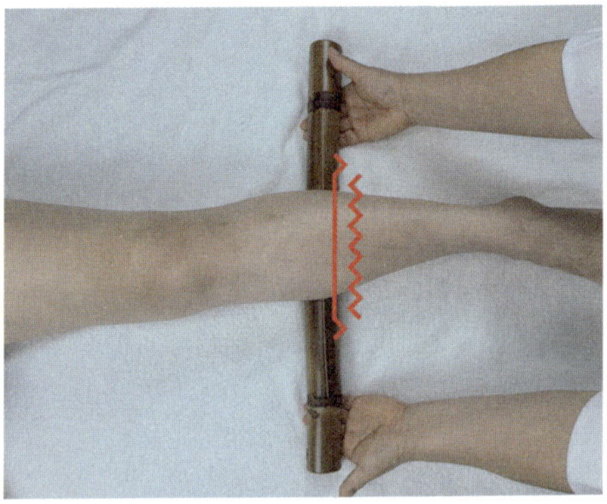

1. 종아리 뒤쪽에서 떨기 해주고 발목 → 발뒤꿈치 → 발바닥 → 발가락 방향으로 슬라이딩 해준다.

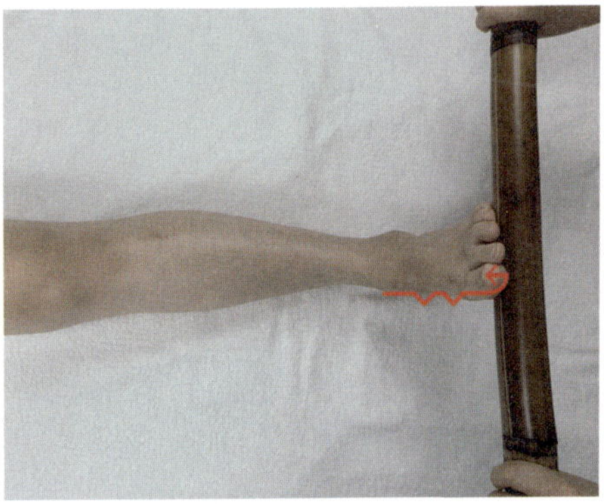

2. 발바닥에서 발가락으로 올라가며 발등 방향으로 롤핑하며 누르기 해준다.

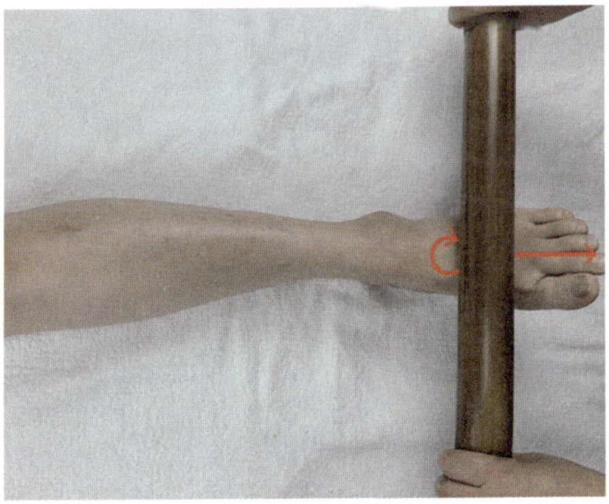

3. 발등을 원그리기 해주고 발가락 방향으로 슬라이딩 해준다.

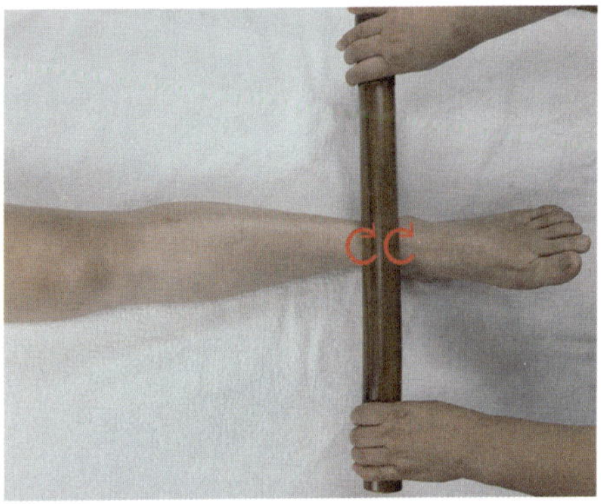

4. 발목 앞쪽을 원그리기 해준다.

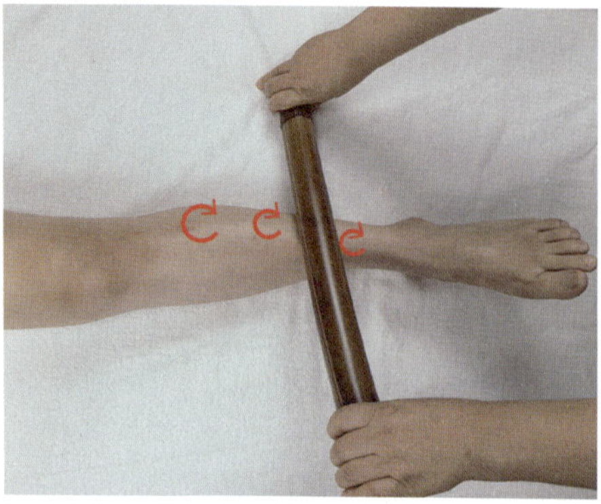

5. 종아리 앞쪽을 슬라이딩하며 원그리기 해준다.

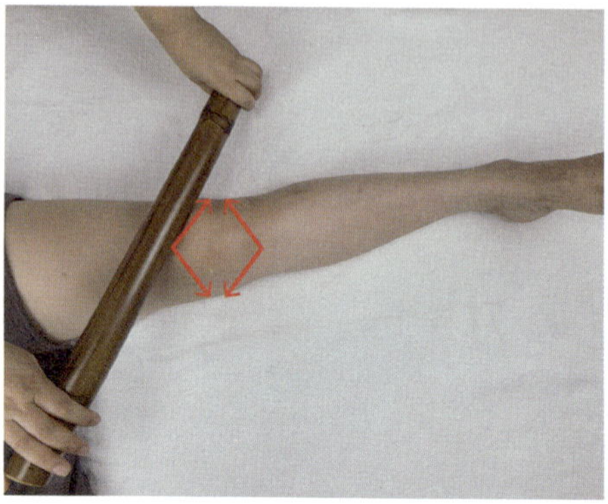

6. 무릎관절 부위를 원을 그리듯 사선그리기 해준다.

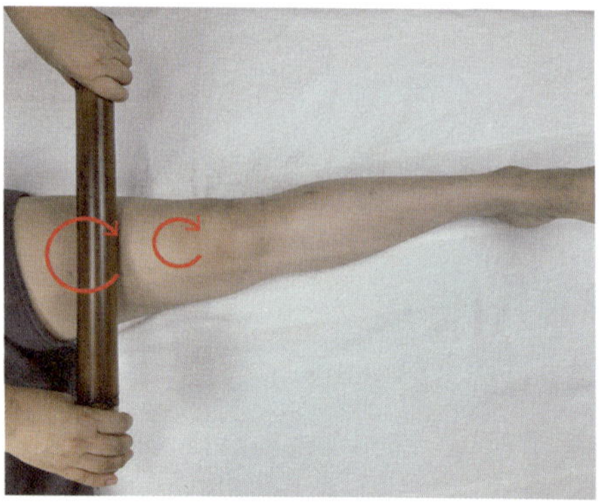

7. 넙다리를 원그리기 해준다.

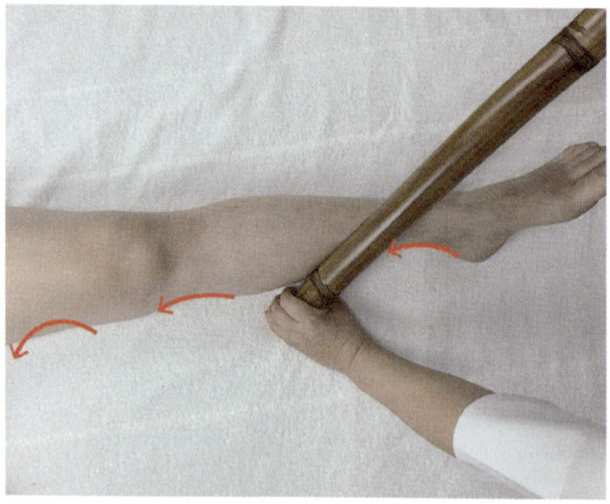

8. 안쪽 종아리 → 넙다리 방향으로 슬라이딩하며 반원그리기 해준다.

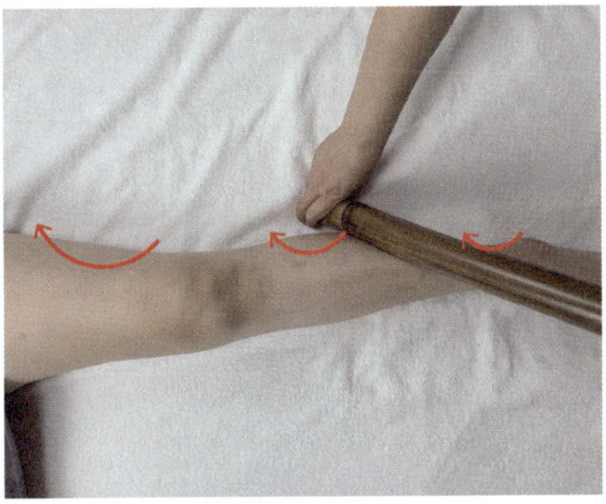

9. 가쪽 종아리 → 넙다리 → 엉덩관절 방향으로 슬라이딩하며 반원그리기 해주고 두덩 방향으로 슬라이딩 해준다.

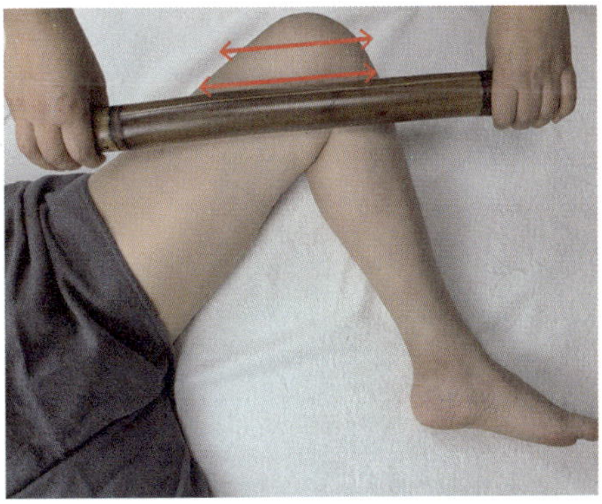

10. 무릎관절 부위를 좌·우로 사선그리기 해준다.

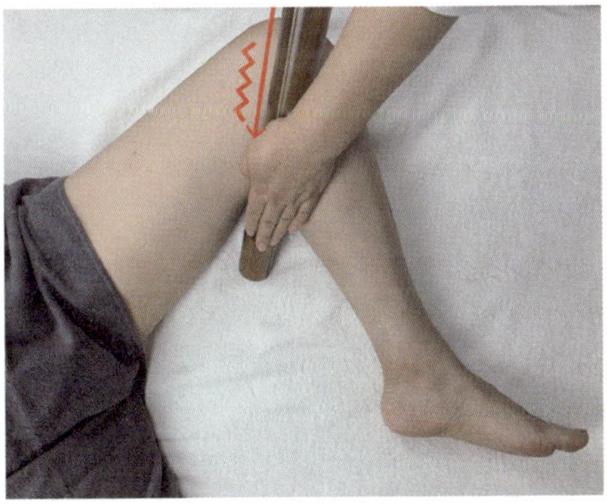

11. 무릎관절 부위를 사선그리기 해주고 90도 각도로 세워 떨기 해준다.

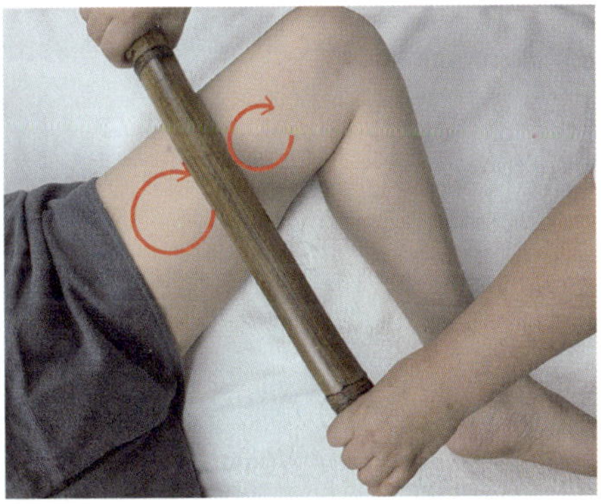

12. 안쪽 넙다리를 슬라이딩하며 원그리기 해준다.

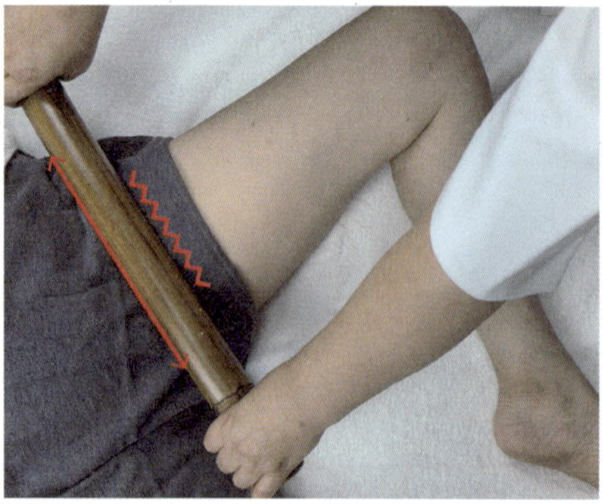

13. 아랫배와 넙다리 연결부위를 떨기 해주고 사선그리기 해준다.

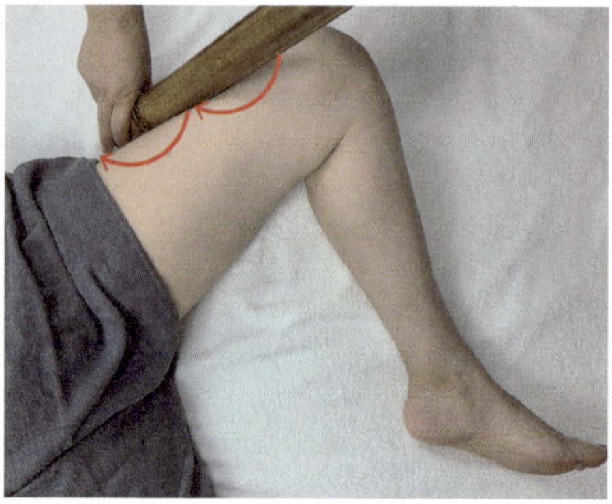

14. 가쪽 넙다리 옆선을 슬라이딩하며 반원그리기 해준다.

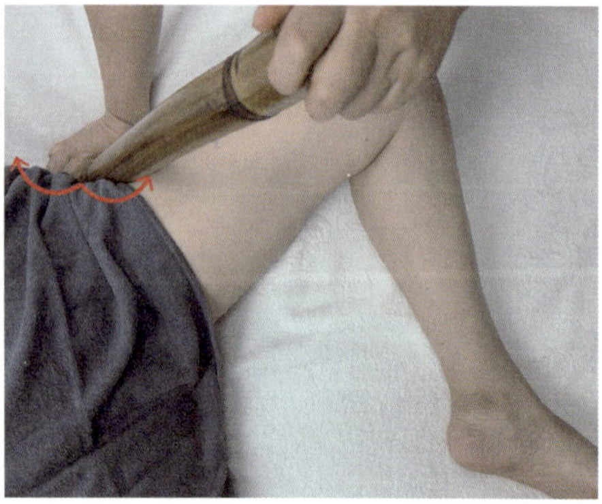

15. 엉덩관절 부위를 상·하로 롤링하며 반원그리기 해준다.

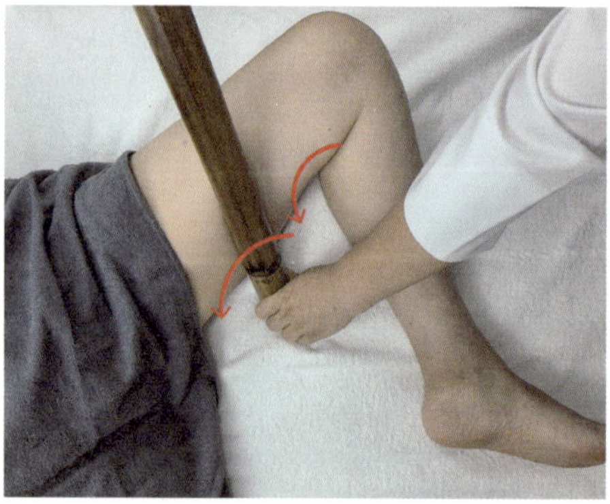

16. 안쪽 넙다리 옆선을 슬라이딩하며 반원그리기 해준다.

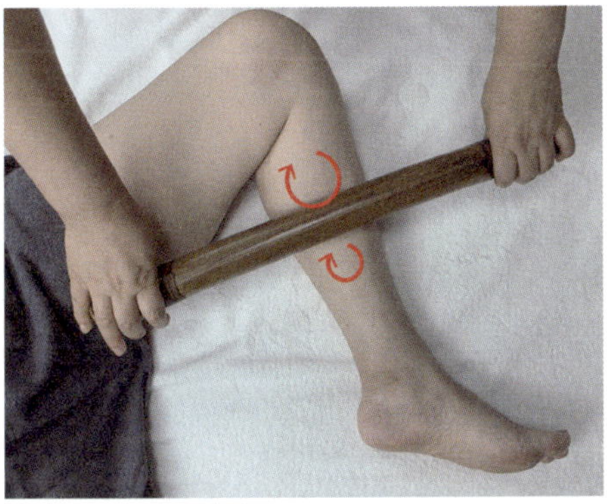

17. 안쪽 종아리를 슬라이딩하며 원그리기 해준다.

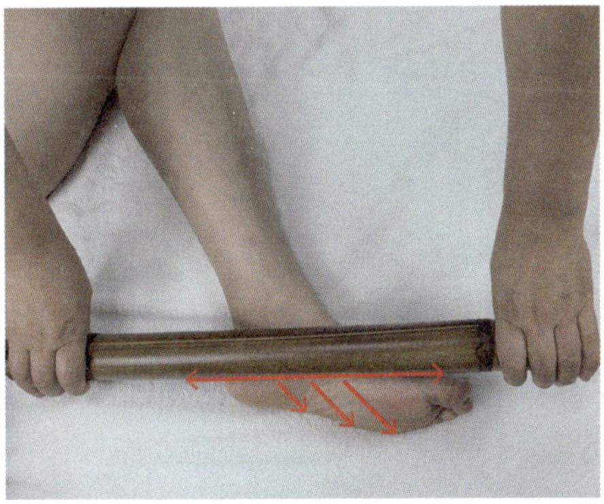

18. 발바닥 전체를 슬라이딩하며 사선그리기 해준다.

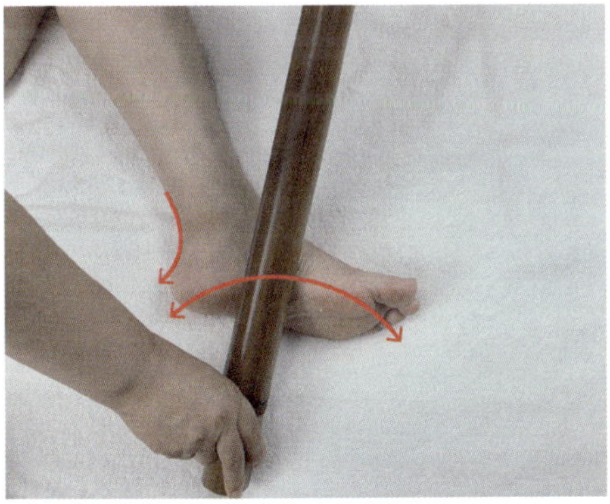

19. 발바닥 아치와 발뒤꿈치 부위을 반원그리기 해준다.

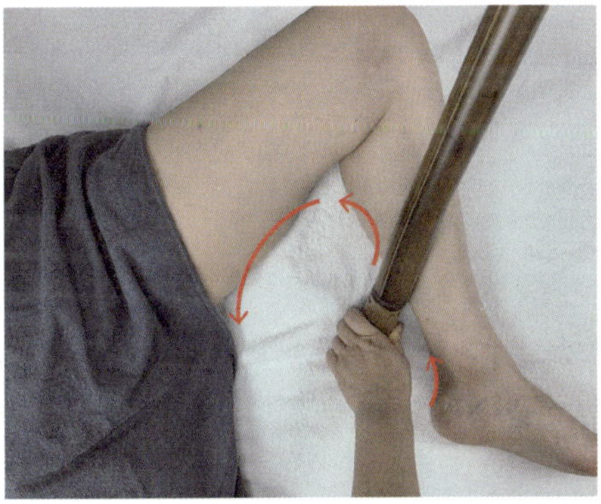

20. 안쪽 종아리 → 넙다리 방향으로 반원그리기 해준다(1~20번까지 양쪽을 번갈아 해준다).

신체 후면관리 - 등관리

등관리

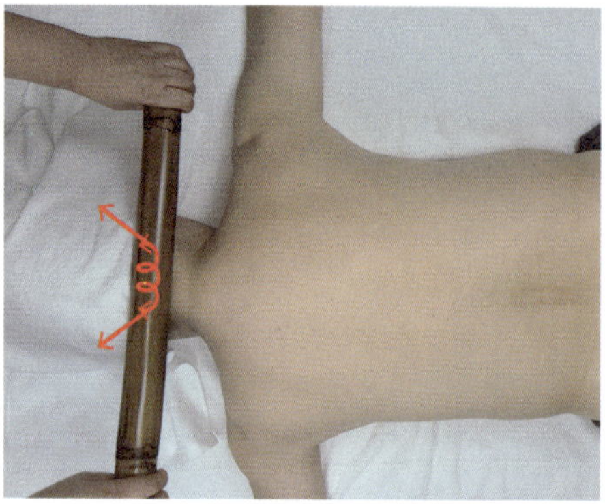

1. 목과 뒤통수 연결부위를 가볍게 원그리기 해주고 롤링하며 사선그리기 해준다.

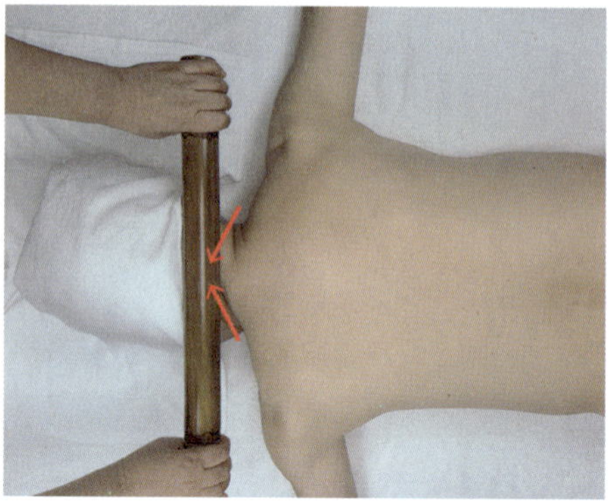

2. 목 부위를 중앙으로 끌어 올리듯이 롤링하며 사선그리기 해준다.

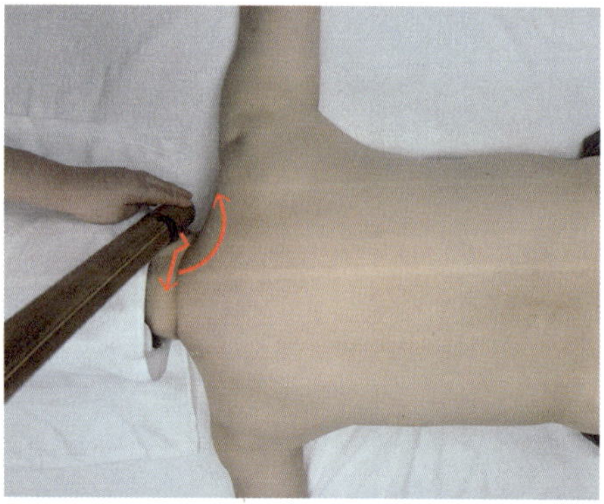

3. 목의 양쪽 옆선을 들어 올리듯이 롤핑해주고 어깨 방향으로 반원그리기 해준다.

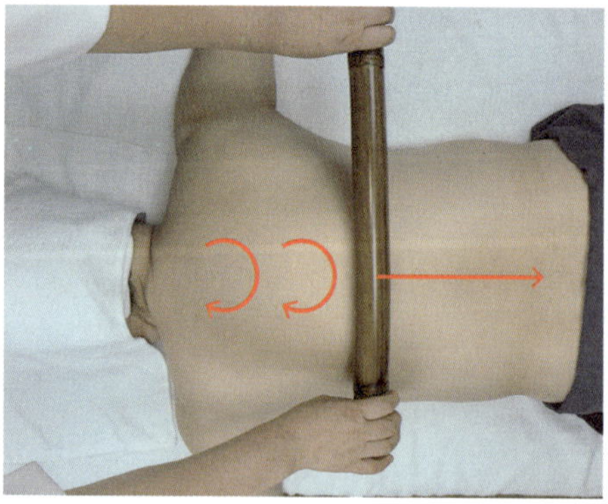

4. 등 전체를 슬라이딩하며 원그리기 해준다.

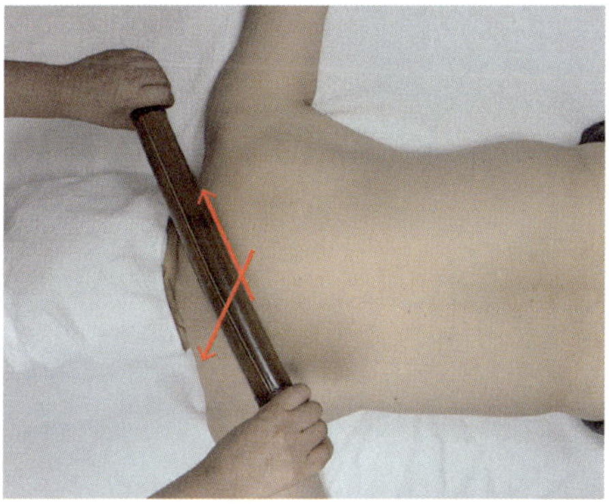

5. 어깨마루 부위를 좌·우로 롤링하며 사선그리기 해준다.

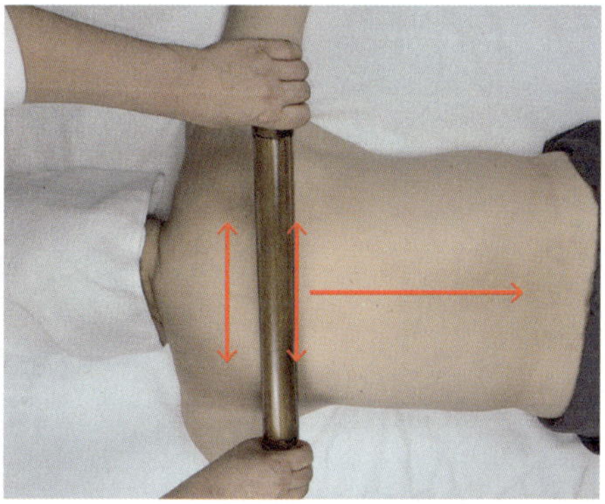

6. 등의 뼈 사이사이를 수평으로 사선그리기 해준다.

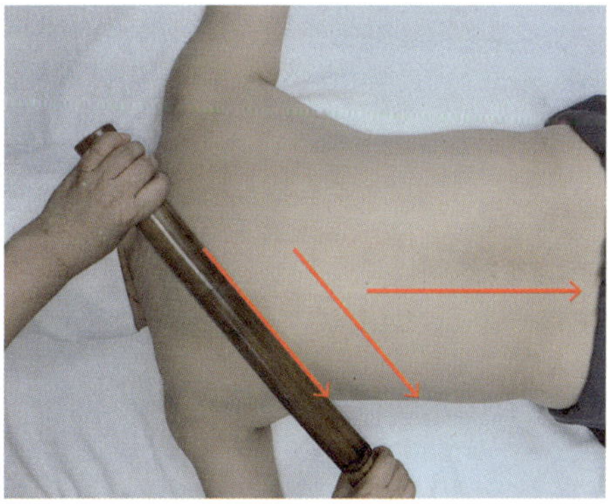

7. 등에서 엉덩이 방향으로 슬라이딩하며 사선그리기 해준다.

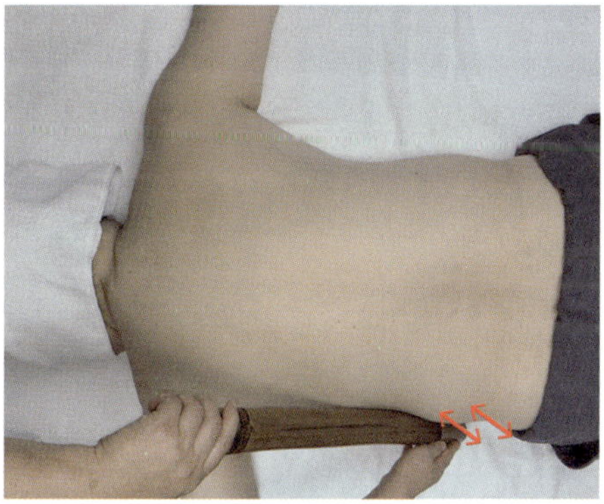

8. 몸통 옆선 → 겨드랑이 방향으로 각도를 세워 짧게 스크롤하며 사선그리기 해준다.

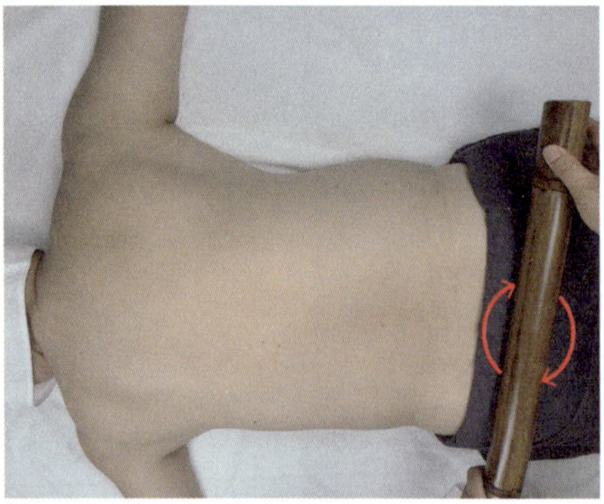

9. 엉치엉덩관절 부위를 좌·우로 원그리기 해준다.

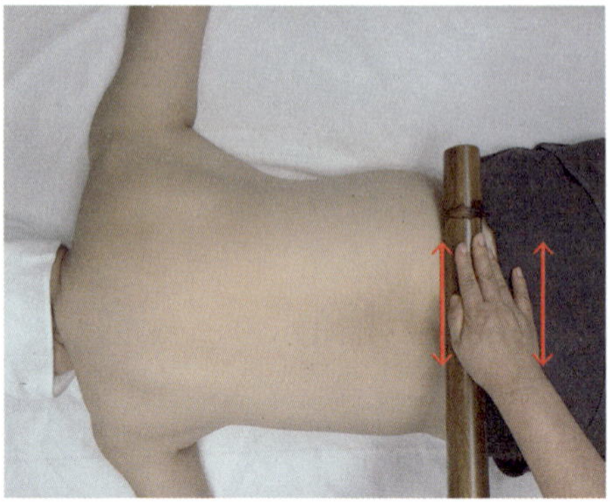

10. 엉치엉덩관절 부위를 좌·우로 스크롤하며 사선그리기 해준다.

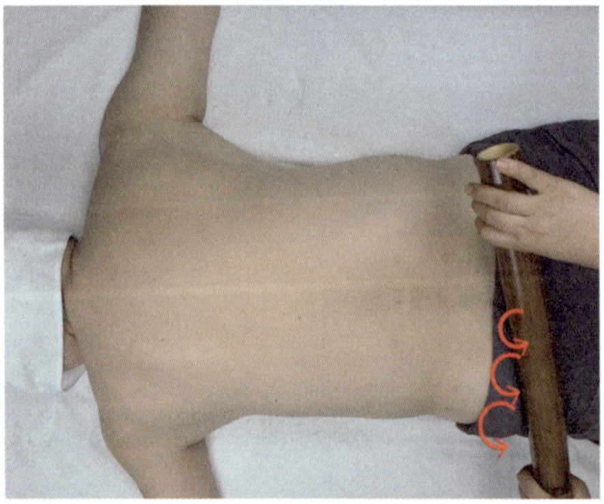

11. 엉덩이 능선 부위를 원그리기 해준다.

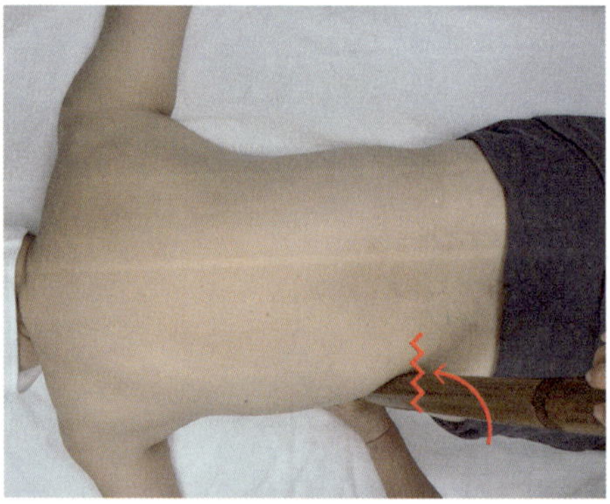

12. 엉덩이 능선에서 반원그리기 하며 올라가 허리의 잘록한 부위를 90도 각도로 세워 떨기 해준다.

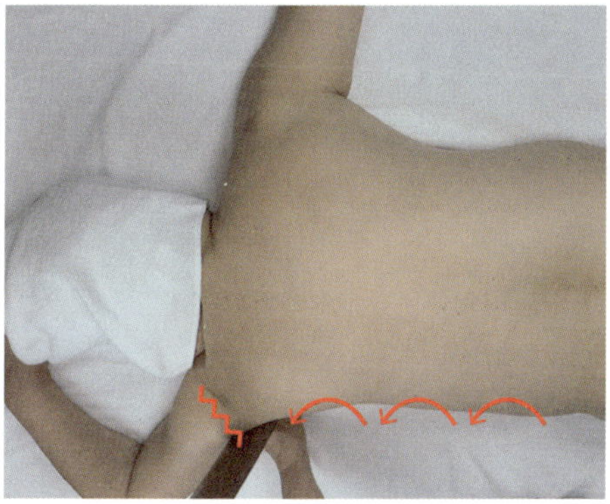

13. 몸통 옆선 → 겨드랑이 방향으로 슬라이딩 하며 반원그리기 해주고 겨드랑이 부위를 90도 각도로 세워 떨기 해준다.

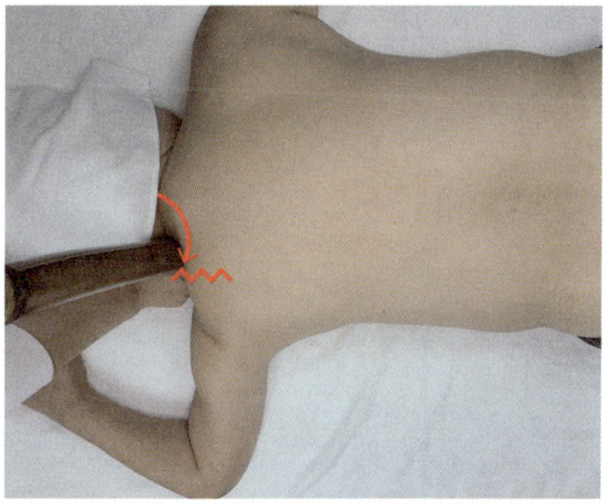

14. 귀 옆선 → 어깨마루 방향으로 반원그리기 해주고 어깨관절 부위를 90도 각도로 세워 떨기 해준다.

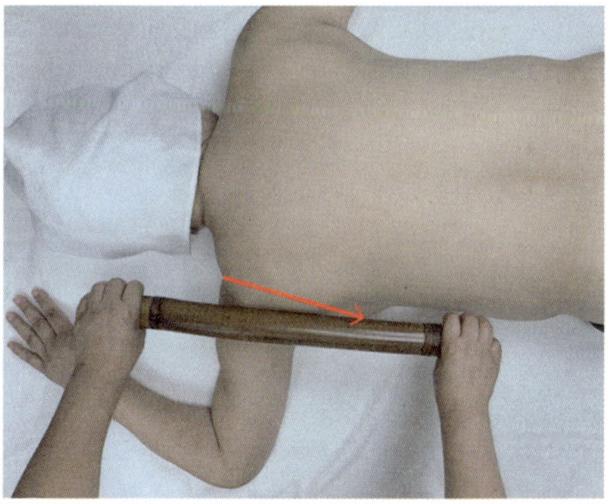

15. 어깨와 위팔의 연결부위를 사선그리기 해준다.

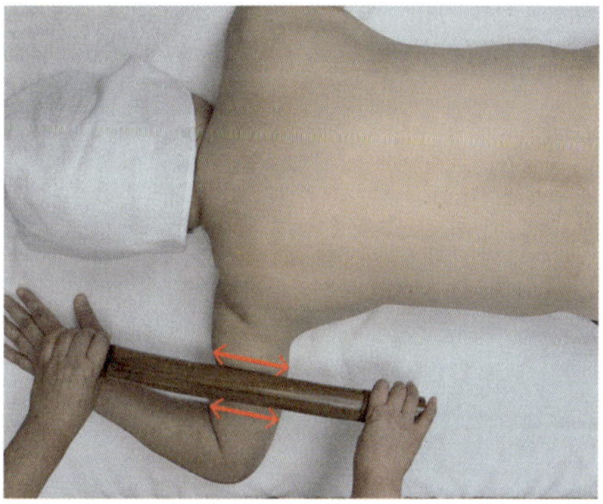

16. 위팔 전체를 슬라이딩하며 사선그리기 해준다.

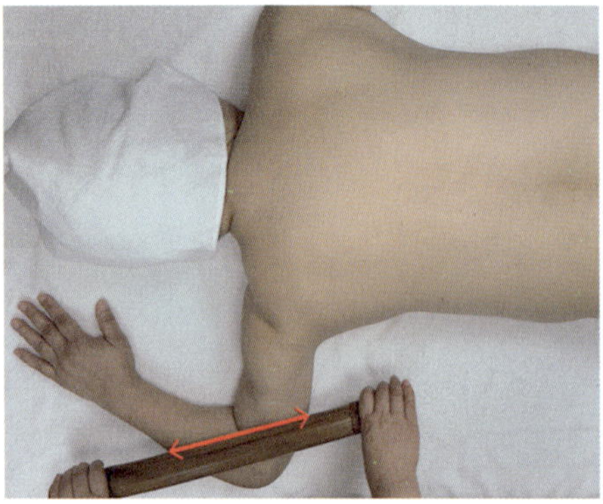

17. 팔꿉관절 부위를 좌·우로 사선그리기 해준다.

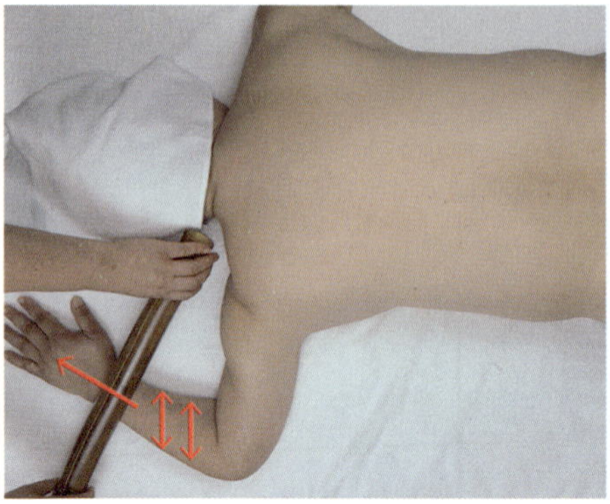

18. 아래팔 전체를 사선그리기 해주고 손등으로 슬라이딩 해준다.

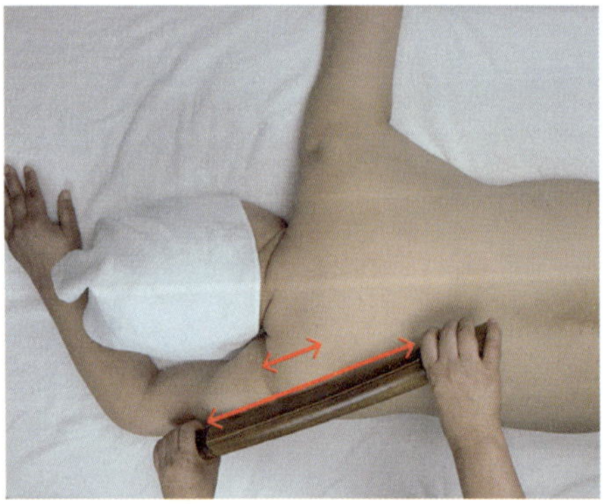

19. 어깨뼈와 어깨봉우리 부위를 사선그리기 해준다.

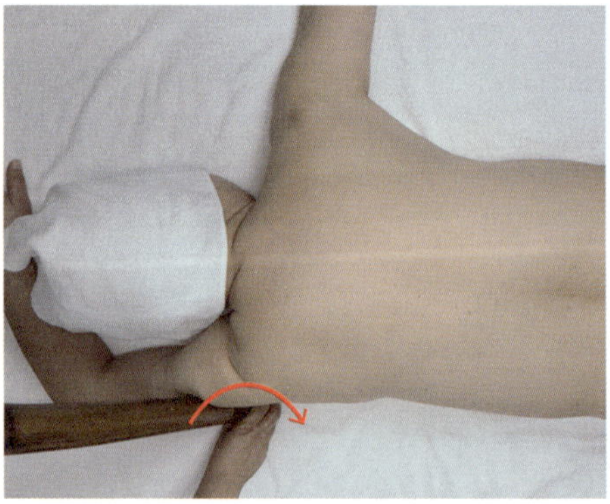

20. 팔꿈치 바깥쪽 → 겨드랑이 방향으로 슬라이딩하며 반원그리기 해준다.

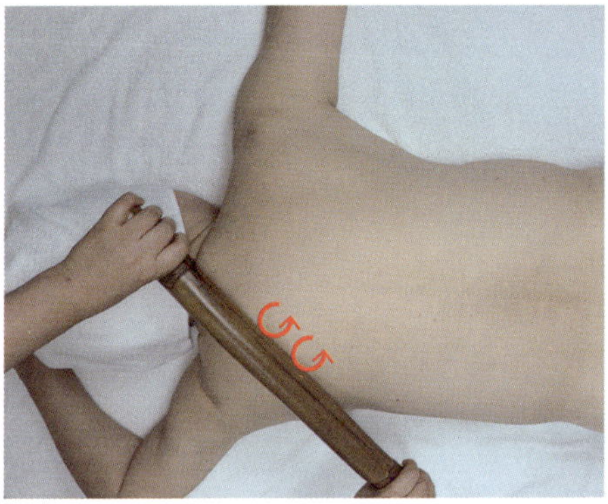

21. 어깨뼈 부위를 몸통 안쪽으로 원그리기 해 준다.

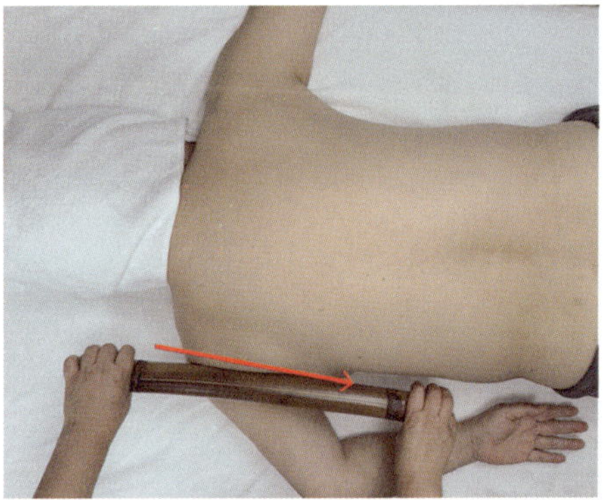

22. 어깨와 위팔의 연결부위를 사선그리기 해 준다.

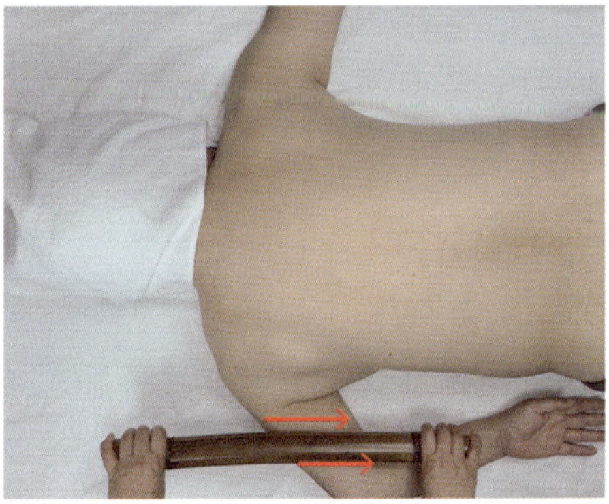

23. 위팔 전체를 슬라이딩하며 사선그리기 해 준다.

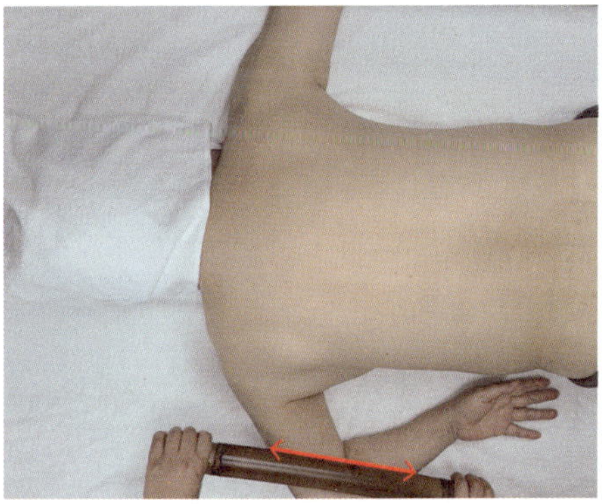

24. 팔꿉관절 부위를 좌·우로 사선그리기 해준다.

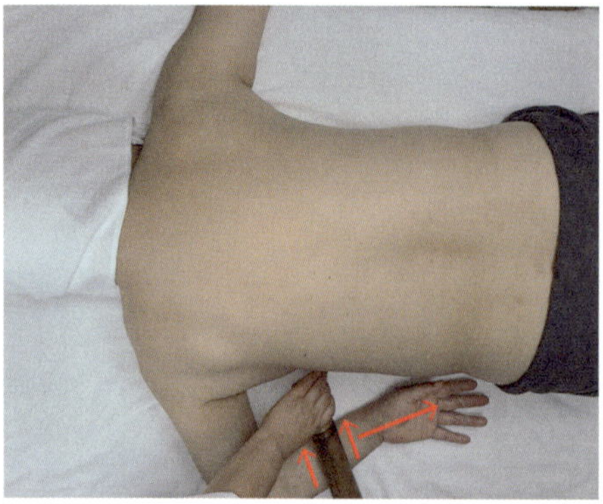

25. 아래팔 전체를 사선그리기 해주고 손바닥으로 슬라이딩 해준다.

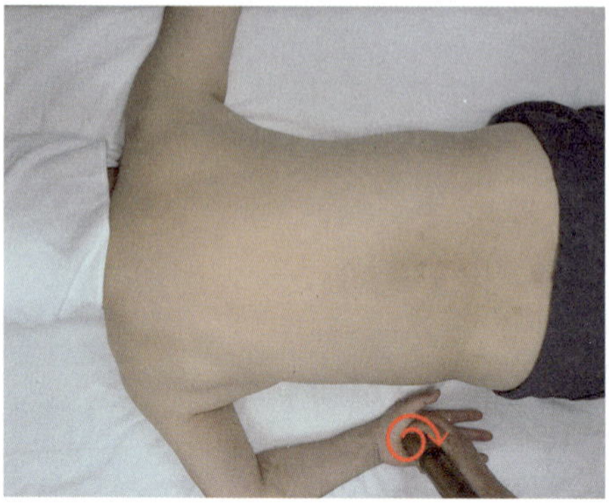

26. 손바닥의 에너지 포인트를 90도 각도로 세워 돌리기 해준다.

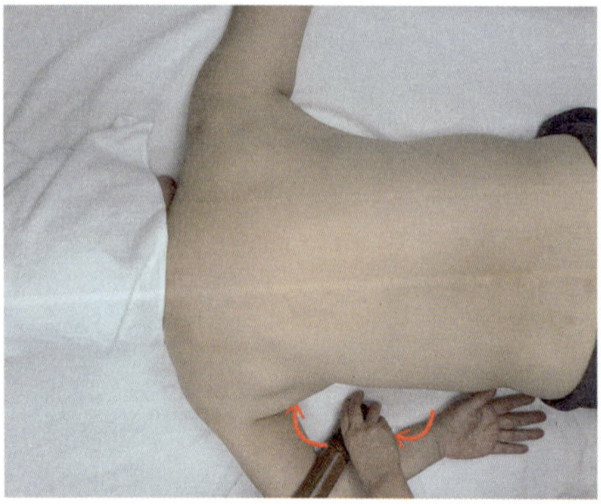

27. 손목 안쪽 → 겨드랑이 방향으로 슬라이딩하며 반원그리기 해준다(7~27번까지 양쪽을 번갈아 한다).

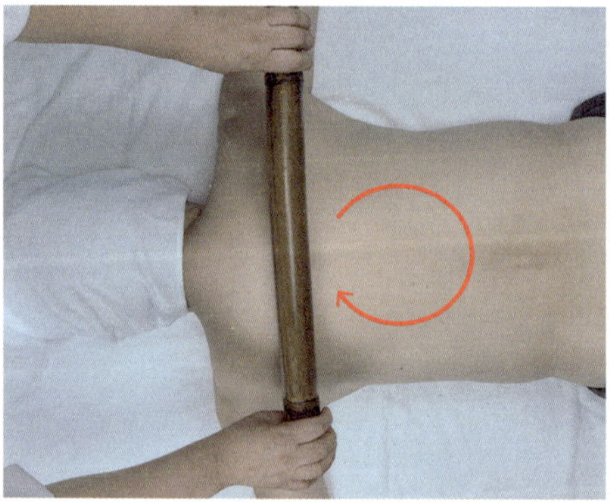

28. 등 전체를 원그리기 해준다.

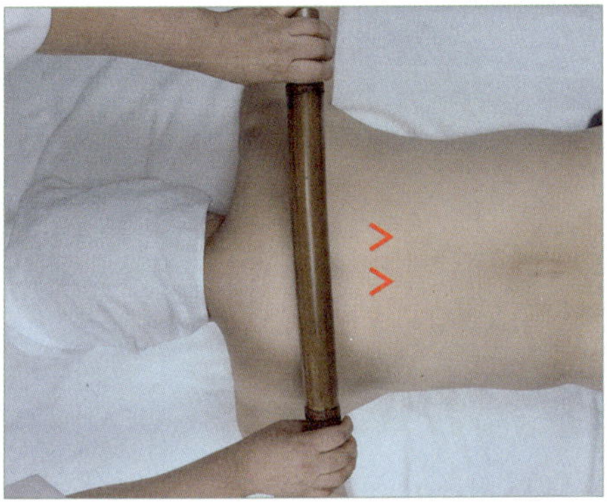

29. 등 전체를 두들기기 해준다.

다리라인

다리라인

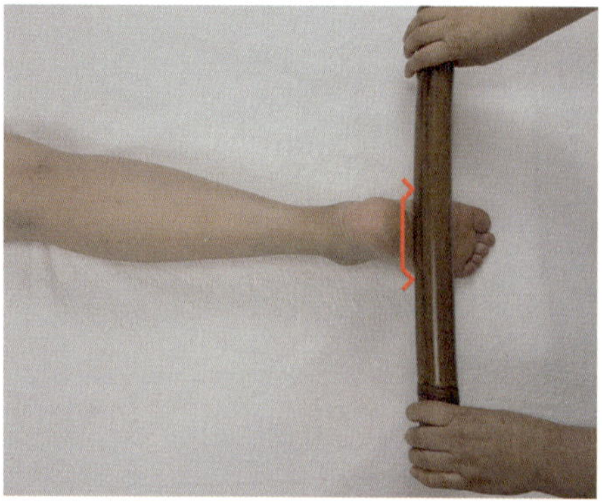

1. 발바닥 아치를 가볍게 눌러준 후 발가락 방향으로 슬라이딩 해준다.

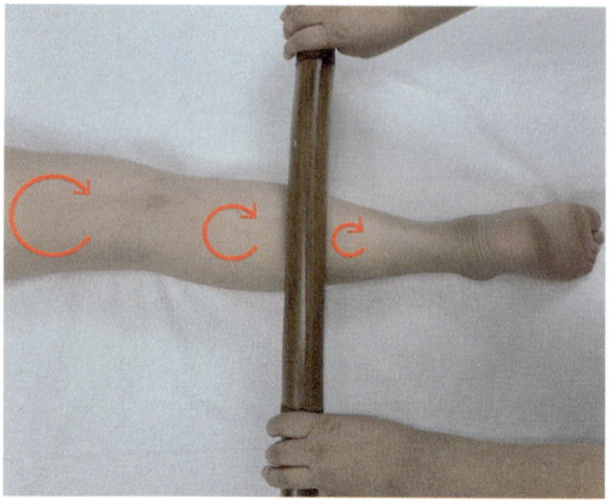

2. 종아리 → 넙다리 → 궁둥뼈 방향으로 슬라이딩하며 원그리기 해준다.

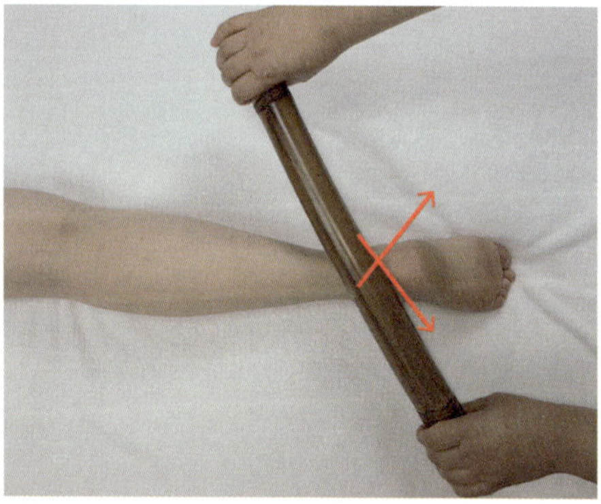

3. 발뒤꿈치 부위를 좌·우로 롤링하며 사선그리기 해준다.

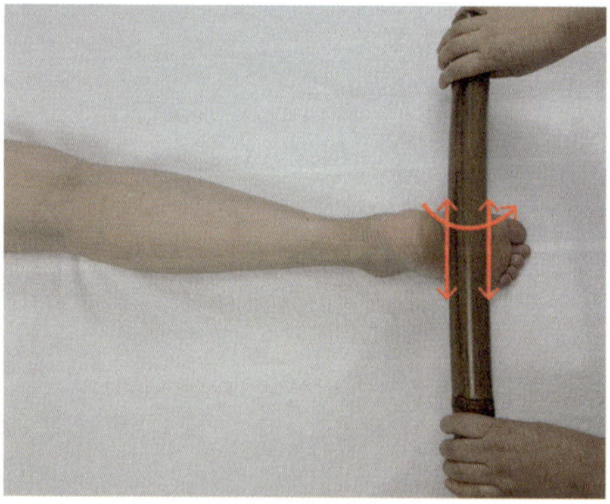

4. 발바닥 전체를 사선그리기 해주고 반원그리기 해준다.

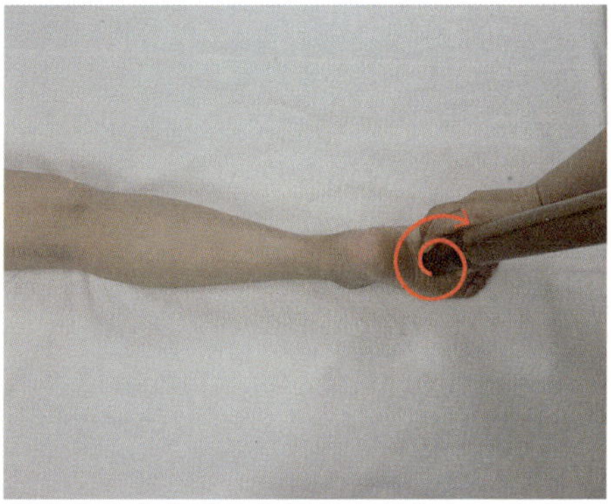

5. 발바닥의 에너지 포인트를 90도 각도로 세워 돌리기 해준다.

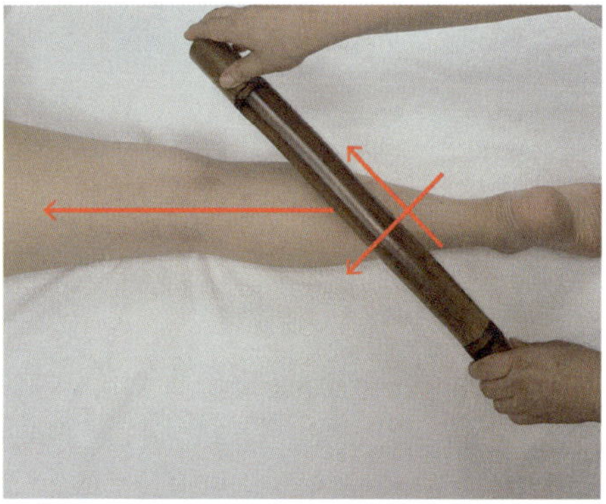

6. 발목 → 종아리 → 넙다리 → 궁둥뼈 방향으로 지그재그하며 사선그리기 해준다.

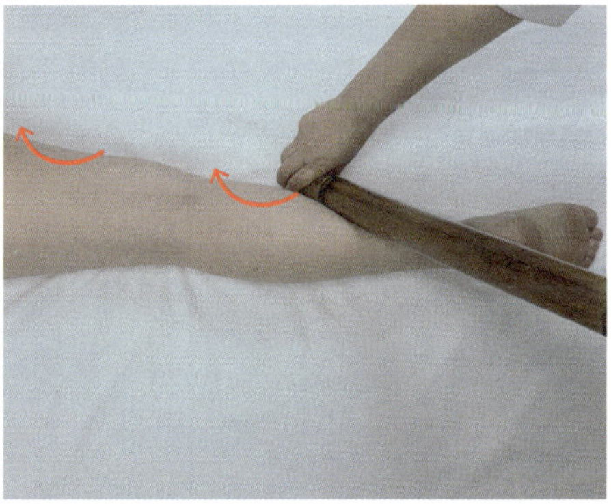

7. 안쪽 다리 옆선을 슬라이딩하며 반원그리기 해준다.

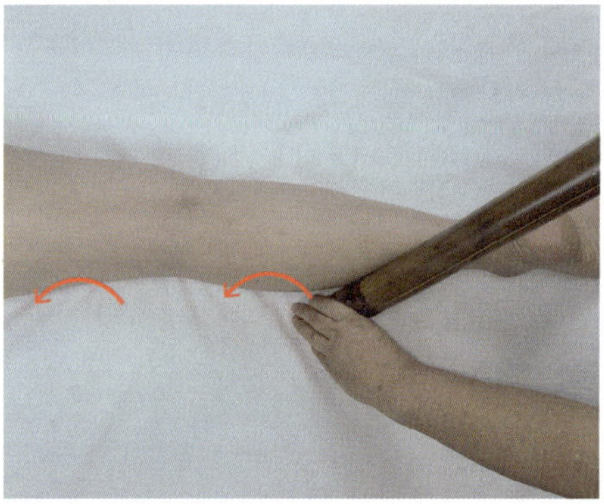

8. 가쪽 다리 옆선을 엉덩이 능선 방향으로 슬라이딩하며 반원그리기 해준다.

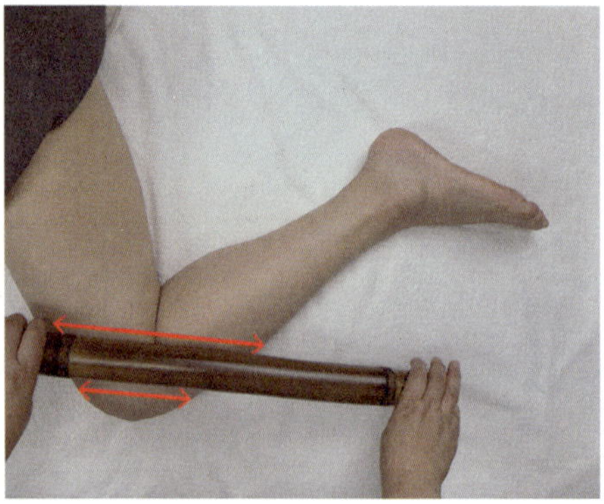

9. 무릎관절 부위를 좌·우로 사선그리기 해준다.

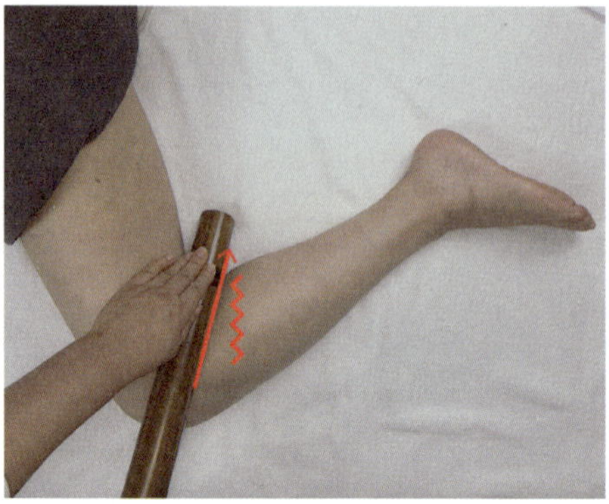

10. 무릎관절 부위를 사선그리기 해주고 90도 각도로 세워 떨기 해준다.

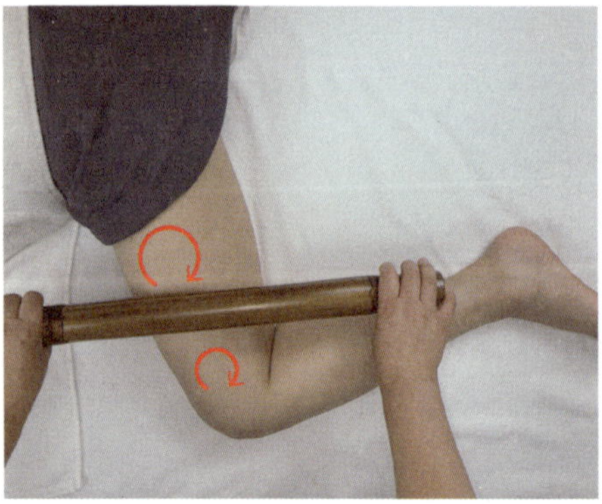

11. 넙다리 → 엉덩이 방향으로 슬라이딩하며 원그리기 해준다.

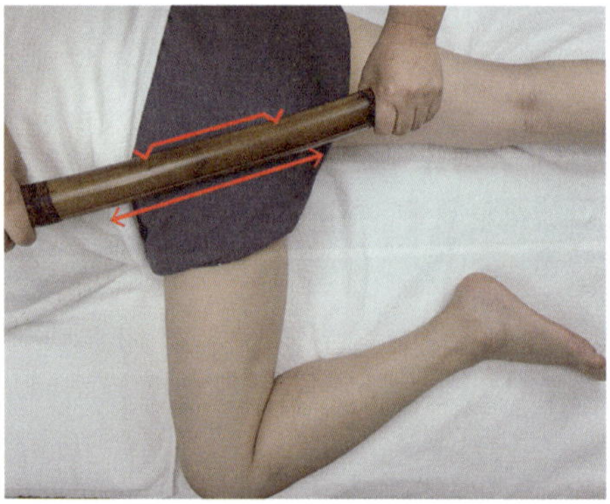

12. 엉덩관절 부위를 사선그리기 해주고 퍼 올리듯 롤핑 해준다.

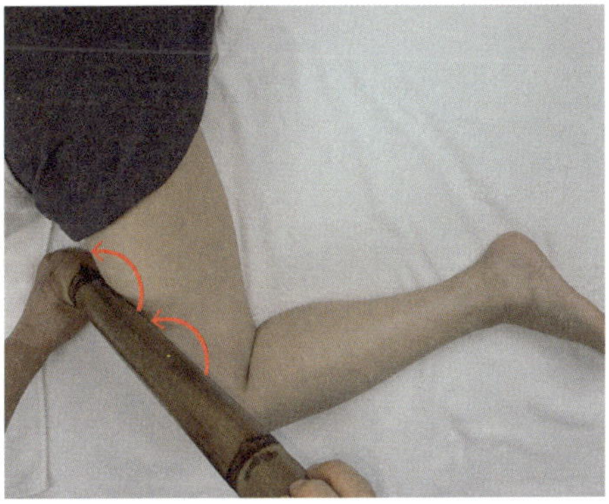

13. 가쪽 넙다리를 엉덩이 능선 방향으로 슬라이딩하며 반원그리기 해준다.

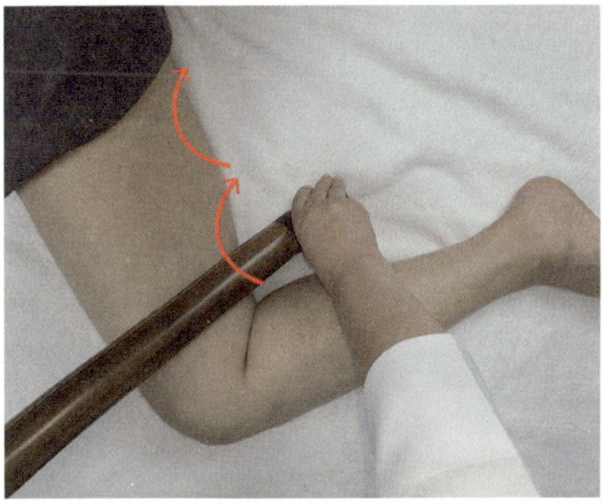

14. 안쪽 넙다리를 궁둥뼈 방향으로 슬라이딩하며 반원그리기 해준다.

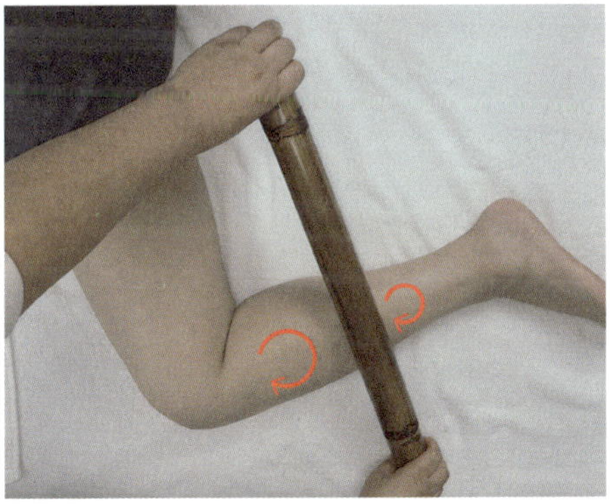

15. 종아리 → 발목 방향으로 원그리기 해주고 발등으로 슬라이딩 해준다.

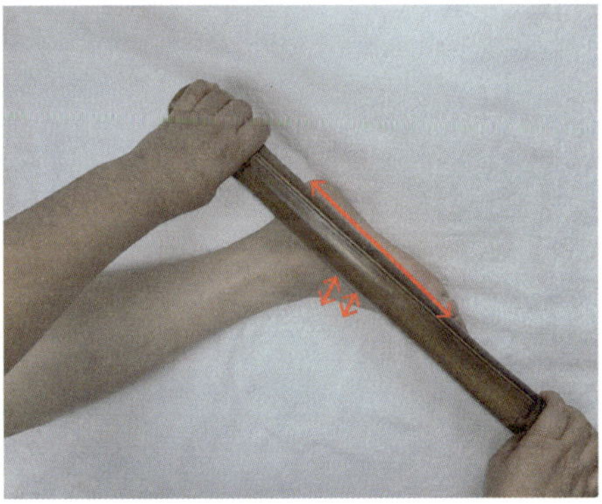

16. 가쪽 복사뼈 부위와 발등을 사선그리기 해준다.

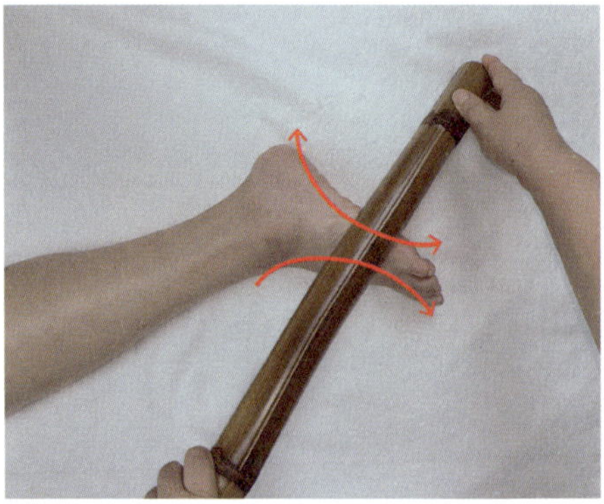

17. 발등과 발날을 반원그리기 해준다.

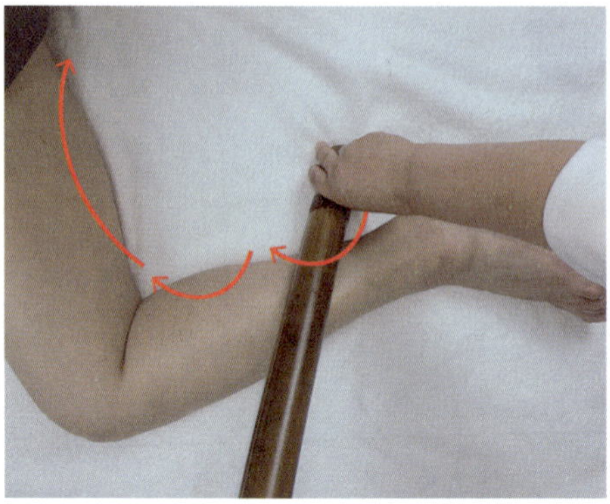

18. 발뒤꿈치 → 종아리 → 넙다리 → 궁둥뼈 방향으로 슬라이딩하며 반원그리기 해준다.

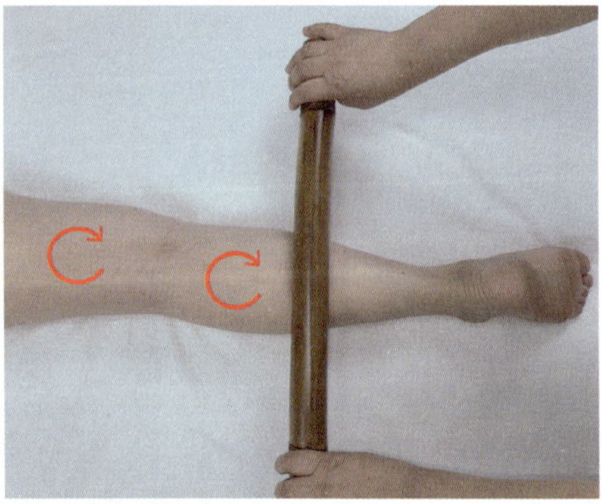

19. 다리 전체를 원그리기 해준다.

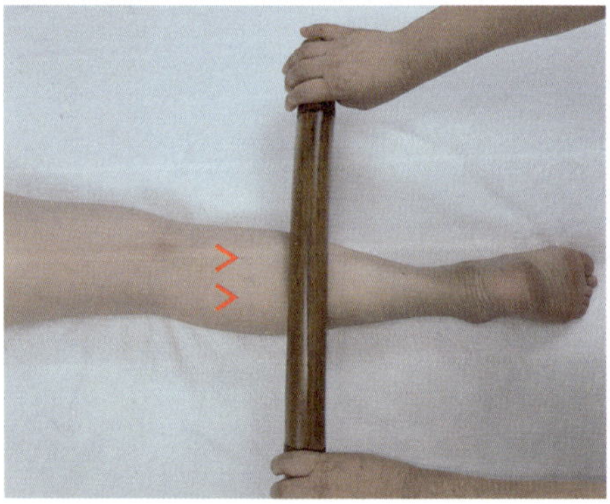

20. 다리 전체를 두들기기 해준다(1~20번까지 양쪽을 번갈아 한다).

II

NCS(국가직무능력표준)

Ch 01 피부미용 고객 상담

Ch 02 피부미용 피부분석

Ch 03 피부미용 몸매분석

Ch 04 피부미용 위생관리

Ch 05 피부미용 뱀부테라피

Ch 06 신체 피부미용 전면관리

Ch 07 신체 피부미용 후면관리

Ch 08 피부미용 고객마무리관리

NCS(국가직무능력표준)

국가직무능력표준(NCS, national competency standards)은 산업현장에서 직무를 수행하기 위해 요구되는 지식·기술·소양 등의 내용을 국가가 산업부문별·수준별로 체계화한 것으로, 국가적 차원에서 표준화한 것을 의미한다.

직무정의

피부미용은 고객의 상담과 피부분석을 통하여 안정감 있고 위생적인 환경에서 얼굴과 몸매의 피부를 피부미용기기 및 기구와 화장품 등을 이용하여 서비스를 제공하고 피부미용에 대한 업무수행을 기획, 관리하는 일이다. 피부미용 특수관리 능력단위에 뱀부(대나무)테라피로 구분되어 있다.

Ch# 01

피부미용 고객 상담

- **분류번호** : 1201010201_17v3
- **능력단위 명칭** : 피부미용 고객 상담
- **능력단위 정의** : 효율적인 피부관리를 위하여 고객의 방문동기를 파악한 후 고객관리카드를 작성하여, 고객의 피부에 영향을 줄 수 있는 인자를 도출하고 고객의 요구 자료를 정보화하여 처리하는 능력이다.

능력 단위 요소	수행 준거	
1201010201_17v3.1 방문동기 파악하기	1.1 고객이 관리실을 선택하여 방문한 동기를 파악할 수 있다. 1.2 고객이 상담에 응할 수 있도록 편안한 분위기를 조성할 수 있다. 1.3 고객이 가지고 있는 피부문제 및 관리 목적을 파악할 수 있다. 1.4 고객과 상담자가 생각하는 피부문제가 다른 경우 그 차이를 설명할 수 있다.	
	지식	• 상담·심리학 • 피부미용이론 • 식품영양 관련 이론 • 인체 해부생리학
	기술	• 방문자 상담 능력 • 피부유형 식별능력
	태도	• 고객을 편하게 응대하려는 태도 • 상대의 의사를 인정하려는 태도 • 대화를 소통하려는 태도 • 업무의 객관적 태도
1201010201_17v3.2 고객관리차트 작성하기	2.1 고객관리카드 작성 시 개인정보이용동의서를 받을 수 있다. 2.2 고객의 개인정보·건강상태·방문동기와 방문목적 등을 기록할 수 있다. 2.3 피부의 문제 결함 등을 피부유형식별 기준에 따라 고객관리카드에 기록할 수 있다. 2.4 생활환경에 대한 특성과 고객관리카드를 통해 피부관리를 계획할 수 있다.	

<table>
<tr><th>능력 단위 요소</th><th colspan="2">수행 준거</th></tr>
<tr><td rowspan="3">1201010201_17v3.2
고객관리차트 작성하기</td><td>지식</td><td>• 상담·심리학
• 피부관리학
• 문서작성</td></tr>
<tr><td>기술</td><td>• 고객관리카드 작성 능력
• 고객과 상담능력</td></tr>
<tr><td>태도</td><td>• 고객을 편안하게 대하려는 태도
• 고객의 말을 들어주려는 태도
• 고객의 심리를 파악하려는 태도
• 정확성을 기하는 태도</td></tr>
<tr><td rowspan="4">1201010201_17v3.3
고객응대하기</td><td colspan="2">3.1 단정한 용모와 친절한 예의로서 고객을 응대할 수 있다.
3.2 고객의 방문목적에 따라 상담실과 작업실을 구분하여 안내할 수 있다.
3.3 고객의 피부관리에 대한 일정관리를 수립할 수 있다.</td></tr>
<tr><td>지식</td><td>• 예의와 예절 이론
• 상담·심리학
• 공중위생관리법</td></tr>
<tr><td>기술</td><td>• 고객심리파악 능력
• 일정관리수립 능력
• 고객응대서비스 능력</td></tr>
<tr><td>태도</td><td>• 고객이 편하고 안정적인 분위기를 조성하려는 태도
• 쾌적한 작업장 환경을 만들려는 태도
• 친절한 서비스를 제공하려는 태도</td></tr>
<tr><td rowspan="4">1201010201_17v3.4
고객정보처리하기</td><td colspan="2">4.1 고객관리카드와 상담에 따른 내용을 분류한다.
4.2 수집된 관련 정보를 분류하여 정리한다.
4.3 분류된 각 정보를 목적에 따라 활용할 수 있도록 관리한다.</td></tr>
<tr><td>지식</td><td>• 예의와 예절 이론
• 상담·심리학
• 공중위생관리법</td></tr>
<tr><td>기술</td><td>• 고객심리파악 능력
• 일정관리수립 능력
• 고객응대서비스 능력</td></tr>
<tr><td>태도</td><td>• 고객이 편하고 안정적인 분위기를 조성하려는 태도
• 쾌적한 작업장 환경을 만들려는 태도
• 친절한 서비스를 제공하려는 태도</td></tr>
</table>

적용범위 및 작업상황

고려사항

- 이 능력단위는 고객상담을 위해 방문동기를 파악하고 고객을 응대하며 고객관리카드를 작성하여 고객 정보처리 업무에 적용하는 능력이다.
- 이 단위의 고객상담은 효율적인 피부관리를 위해 고객과 자연스러운 대화를 통하여 고객이 이해하고 생활환경 및 피부환경들의 상태를 파악하여 피부에 영향을 줄 수 있는 인자를 도출하여 고객의 요구에 부응하는 피부관리 계획을 세울 수 있는 범위를 말한다.
- 이 능력단위 중 평가는 실제 상담형으로 이루어지는 것을 고려해야 한다.
- 이 능력단위에서의 정보는 상담을 통하여 생성된 고객 관리카드에 기재되는 정보를 포함하며 인적 정보는 개인정보보호에 관한 법률에 정한 사항을 고려하여야 한다.
- 이 능력단위는 피부미용 고객정보를 수집할 수 있는 능력과 이를 문서화 또는 기록화하여 저장하는 능력이 고려되어야 한다.
- 이 능력단위는 의사소통에 필요한 별도의 상담 테이블 등 고객을 위한 환경과 조건이 구비되어 있는지를 고려해야 한다.
- 이 능력단위는 의사소통에 따른 위험요소를 식별할 수 있는 능력이 고려되어야 한다.
- 이 능력단위는 자료를 수집하여 보관하는 공간과 필요한 관련 사무기기 등이 구비되었는지를 고려한다.
- 이 능력단위는 고객상담과 고객 응대에 필요한 유형별 제품이 구비되어있는지를 고려하여야 한다.

자료 및 관련 서류

- 고객관리카드
- 상담 일지
- 피부미용 소개 책자 및 정보지
- 화장품 제품안내 책자

장비 및 도구

- 컴퓨터와 주변기기
- 문서작성 도구
- 계산기
- 응접 책상 및 의자
- 전화 및 팩스
- 사무용 기기
- 냉장고

재료

- 해당 없음

Ch# 02

피부미용 피부분석

- **분류번호 :** 1201010202_16v2
- **능력단위 명칭 :** 피부미용 피부분석
- **능력단위 정의 :** 클렌징을 한 후 피부의 상태를 파악하고 평가하여 피부관리계획을 수립하는 능력이다.

능력 단위 요소	수행 준거	
1201010202_16v2.1 클렌징하기	1.1 피부유형별 상태에 따라 클렌징 방법과 제품을 선택할 수 있다. 1.2 눈, 입술 순서로 포인트 메이크업을 클렌징할 수 있다. 1.3 피부유형에 맞는 제품과 테크닉으로 클렌징을 적용할 수 있다. 1.4 온습포 또는 경우에 따라 냉습포로 닦아내고 토닉으로 정리할 수 있다.	
	지식	• 화장품학 • 피부미용관리 이론 • 공중위생관리법 • 피부관리학
	기술	• 색조화장 부위 특성에 맞는 테크닉 능력 • 클렌징 테크닉 능력 • 위생관리 능력 • 습포사용 능력
	태도	• 고객이 편안히 이완할 수 있도록 배려하려는 태도 • 위생적으로 고객을 배려하려는 태도 • 고객의 반응을 살피려는 객관적 태도
1201010202_16v2.2 피부상태 분석평가하기	2.1 고객정보 결과에 따른 피부부위와 상태를 파악할 수 있다. 2.2 피부 문진, 견진, 촉진을 통해 피부의 탄력감이나 매끄러운 정도, 조직의 두께, 유분함량, 수분보유량, 각질화 상태 등을 파악할 수 있다. 2.3 이마와 목에 스패출러로 그어서 민감성 여부를 파악할 수 있다. 2.4 관련 피부미용기구를 사용하여 피부상태를 파악할 수 있다. 2.5 파악 결과에 따라 평가하고 유형별로 구분할 수 있다.	

<table>
<tr><th>능력 단위 요소</th><th colspan="2">수행 준거</th></tr>
<tr><td rowspan="3">1201010202_16v2.2
피부상태 분석평가하기</td><td>지식</td><td>• 피부의 구조와 생리학
• 피부미용기기학
• 상담·심리학
• 인체해부생리학</td></tr>
<tr><td>기술</td><td>• 문진, 견진, 촉진을 통한 피부분석 능력
• 피부미용기기를 사용하여 피부상태 측정 및 판독 능력</td></tr>
<tr><td>태도</td><td>• 고객을 편안하게 배려하는 태도
• 고객이 심리적 부담을 갖지 않게 배려하는 태도
• 고객에게 신뢰감을 주려는 태도</td></tr>
<tr><td rowspan="4">1201010202_16v2.3
피부관리계획 작성하기</td><td colspan="2">3.1 고객의 피부상태에 따라 유형별 피부관리계획을 작성할 수 있다.
3.2 피부관리계획에 따라 적합한 피부관리 제품을 결정할 수 있다.
3.3 고객의 상품선택을 위하여 피부관리 상품을 설명하고 추천할 수 있다.</td></tr>
<tr><td>지식</td><td>• 식품영양학
• 화장품학
• 피부관리학
• 문서작성</td></tr>
<tr><td>기술</td><td>• 상담 능력
• 고객관리 기획 능력</td></tr>
<tr><td>태도</td><td>• 고객과의 충분한 의사소통을 하려는 태도
• 고객에게 심리적으로 부담을 주지 않으려는 태도
• 고객에게 신뢰감을 줄 수 있는 정직한 태도</td></tr>
</table>

적용범위 및 작업상황

고려사항

- 이 능력단위는 클렌징을 하여 피부상태를 파악하고 평가하여 이에 따른 피부관리계획을 수립하는 직무에 적용한다.
- 이 능력 단위에서 클렌징이란 피부유형별 상태에 따라 적합한 클렌징 방법과 제품을 선택하고, 눈, 입술의 순서로 포인트 메이크업을 닦아낸 후, 피부 유형에 맞능 제품과 테크닉으로 클렌징 한 후 온습포나 냉습포를 사용한 후 토닉으로 정리하는 것을 포함한다.
- 이 능력단위의 피부상태 분석은 고객정보 결과에 따른 피부부위, 피부 문진, 견진, 촉진을 통해 피부의 탄력감이나 매끄러운 정도, 조직의 두께, 유분함량, 수분보유량, 각질화 상태 등의 파악, 이마와 목에 스패출러로 그어서 민감성 여부 관찰, 피부미용기기를 사용하여 피부상태를 파악하는 것을 포함한다.
- 이 능력단위의 피부관리계획 작성은 고객의 피부상태에 따라 유형별로 피부관리계획을 수립하여 피부관리계획에 의하여 적합한 피부관리제품을 결정하게 하고 추천하여 고객이 선택하는 것까지를 포함한다.

자료 및 관련 서류

- 고객관리카드
- 상담 자료
- 피부미용 소개 책자 및 정보지
- 화장품 제품안내 책지
- 피부상태 분석자료
- 피부미용 도서

장비 및 도구

- 피부미용 베드
- 피부미용 의자
- 피부미용 웨건
- 온장고
- 피부미용기기 및 기구
- 스패출러
- 컴퓨터 및 주변기기
- 문서작성도구

재료

- 클렌징 제품
- 온습포
- 냉습포
- 피부관리 관련 제품

개인 정보 수집·이용·제공 동의서

개인 정보 수집·이용·제공 동의서(※ 예시문)

본인은 개인 정보 보호법 제15조에 의거하여 본인의 개인 정보를 제공할 것을 동의합니다.

〈개인 정보 수집 안내〉

- 개인 정보 수집 항목

√ 개인 식별 정보 : 성명, 생년월일, 이메일주소, 전화번호(휴대폰, 전화번호), 주소 등
√ 건강 정보 : 건강 상태, 특정 화장품 부작용, 피부 알레르기 유무 등

- 개인 정보 수집 목적

√ 고지 사항 전달, 불만 처리 등을 위한 원활한 의사소통 경로 확보 등의 안내
√ 맞춤형 피부관리 적용에 이용
√ 예약 및 피부관리 서비스 등의 마케팅 및 홍보 문자 발송

- 개인 정보 보유 기간

√ 개인 정보 보호법에 의거 법률로 정한 목적 이외의 다른 어떠한 목적으로도 사용되지 않으며 내부 규정에 의해 일정 기간 저장된 후 파기

- 동의하지 않을 경우의 처리

√ 이용자는 개인 정보 수집 동의에 거부할 수 있으며, 이 경우 회원제 서비스 안내를 받으실 수 없습니다.

개인 정보 수집 및 이용에 동의함. □　　　　개인 정보 수집 및 이용에 동의하지 않음. □

※ 본인은 「개인 정보의 수집·이용·제공 동의서」 내용을 읽고 명확히 이해하였으며, 이에 동의합니다.

20　　년　　월　　일

성명 :　　　　　　(인 또는 서명)

○○○에스테틱 원장 귀하

피부 분석 카드

피부 분석 카드

고객명		연락처		성별	
생년월일	(양력/음력)	주소			
직업		E-mail		결혼 유무	

병력과 부적응증		
• 심장병 □ • 고혈압 □ • 당뇨 □ • 임신 □	• 갑상선 □ • 간질 □ • 알레르기 □ • 수술여부 □	• 화장품 부작용 □ • 금속판/핀 □ • 현재 복용 중인 약 □ • 기타 □

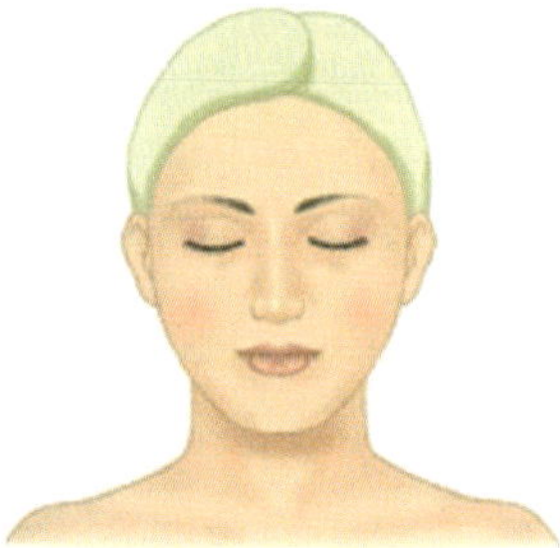

피부 상태를 옆 그림에 항목별로 표시			
면포(블랙헤드)		면포(화이트 헤드)	
구진		흉터	
농포		켈로이드	
기미·주근깨(색소 침착)		색소 결핍(백반증)	
모세 혈관 확장			
점			
섬유종(쥐젖)		기타( )	

기타 :

출처 : 교육부(2017). 피부미용 피부 분석 및 위생(LM1201010202, 10). 세종 : 한국직업능력개발원.

피부 상태 분석표 작성 예시

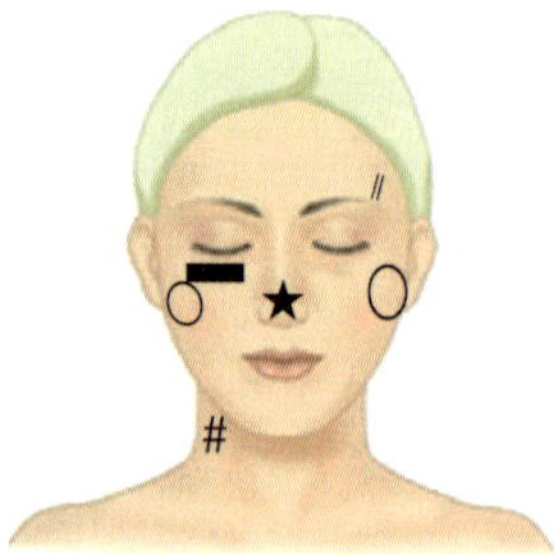

피부 상태를 옆 그림에 항목별로 표시			
면포(블랙헤드)	★	면포(화이트 헤드)	@
구진	◆	흉터	//
농포	▲	켈로이드	*
기미·주근깨(색소 침착)	■	색소 결핍(백반증)	◐
모세 혈관 확장	○		□
점	•		※
섬유종(쥐젖)	#	기타(　　　)	

출처 : 교육부(2017). 피부미용 피부 분석 및 위생(LM1201010202, 10). 세종 : 한국직업능력개발원.

피부 분석 용어 해석

1) 면포(코메도)
   (1) 블랙 헤드 : 모공이 열린 상태로 피지가 산화되어 검게 보인다.
   (2) 화이트 헤드 : 모공이 닫힌 상태로 피지가 고인 상태를 말한다.
2) 구진 : 모낭벽이 파손되어 붉게 부풀어 솟아오른 상태를 말한다.
3) 농포 : 진이 더 악화되어 피지 덩어리가 곪아 쌓인 노란색 농을 말한다.
4) 기미 : 멜라닌 색소가 과다 생성되어 색소 침착을 일으키는 것을 말한다.
5) 모세 혈관 확장 : 혈관벽이 확장된 상태를 말한다.
6) 섬유종(쥐젖) : 각질 형성 세포와 아교질 섬유의 증식으로 생긴 섬유 덩어리를 말한다.
7) 백반증(색소 결핍) : 색소 형성 세포가 파괴되는 것을 말한다.
8) 켈로이드 : 상처 재생 과정에서 피부 세포가 과도하게 증식되어 튀어 나온 형태를 말한다.

수행 tip

- 고객의 질문에 대해 감정을 상하지 않게 답변을 해야 한다.
- 상담자는 고객의 이야기에 귀를 기울여야 한다.
- 상담자는 성급하게 결론을 내리지 말아야 한다.

Ch# 03

피부미용 몸매분석

- **분류번호 :** 1201010215_17v4
- **능력단위 명칭 :** 피부미용 몸매분석
- **능력단위 정의 :** 문진·견진·촉진을 통해 몸매를 파악한 후 분석표를 작성하여 프로그램을 준비하는 능력이다.

능력 단위 요소	수행 준거	
1201010215_17v4.1 몸매파악하기	1.1 고객의 현재 몸매상태를 육안으로 파악할 수 있다. 1.2 문진, 견진, 촉진을 통해 선천적 몸매와 잘못된 습관에 의해 만들어진 몸매를 구분할 수 있다. 1.3 몸매 문제점을 파악하고 몸매의 특징을 분류할 수 있다. 1.4 몸매관리 목적에 맞는 피부미용기기와 기구 및 제품을 선택할 수 있다.	
	지식	• 해부생리학 • 피부미용기기학 • 피부관리학
	기술	• 신체구조 및 장단점을 파악하는 능력 • 부위별 몸매에 대한 분류 능력
	태도	• 고객의 심리적 안정감을 주려는 태도 • 위생적으로 고객을 배려하려는 태도
1201010215_17v4.2 몸매분석표 작성하기	2.1 문제된 몸매를 파악한 후 분석표를 작성할 수 있다. 2.2 몸매부위의 사이즈를 잰 후 분석표를 작성할 수 있다. 2.3 분석표 결과에 따라 평가하고 몸매별로 구분할 수 있다. 2.4 몸매분석카드를 작성 후 관리 프로그램을 계획할 수 있다.	
	지식	• 몸매분석카드 작성 • 관리프로그램 작성 • 인체구조와 생리학
	기술	• 몸매관리 계획 수립 능력 • 분석결과에 따른 몸매구분 능력
	태도	• 위생적으로 고객을 배려하려는 태도 • 고객의 반응을 살피려는 객관적 태도

적용범위 및 작업상황

고려사항

- 이 능력단위는 팩·마스크 사용, 마무리 작업의 몸매관리를 수행하는 직무에 적용한다.
- 이 능력단위에서 팩·마스크 하기란 피부유형에 따른 제품을 사용하여 노폐물을 배출시키는 업무를 포함한다.
- 이 능력단위인 모든 과정을 습포로 위생적으로 닦아내는 것을 포함한다.

자료 및 관련 서류

- 제품 안내 책자
- 피부미용 기기 사용 설명서
- 사용 제품 설명서
- 관련 참고 도서
- 화장품이나 피부미용 전문잡지 및 신문
- 비디오, DVD 등의 시청각 자료

장비 및 도구

- 피부관리용 베드
- 피부관리용 웨건
- 자외선 소독기
- 피부관리 비품
- 피부관리용 의자
- 온장고
- 피부미용기기 및 기구

재료

- 피부미용에 사용되는 기초화장품류
- 온습포
- 냉습포
- 팩·마스크
- 피부 관리 관련 제품

몸매분석표 작성하기

몸매고객관리카드

고객기본정보 상담일자 : / /

고객명	(남 / 여)	생년월일		(나이 : 세)	
연락처		E-mail			
직업	키	cm	체중	kg	
주소					

1) 라이프스타일

과거 관리 경험	□ 유 □ 무 □ 얼굴 □ 보디		
피부 성격	□ 예민 □ 보통 □ 매우 예민		
피부 타입	□ 정상 □ 지성 □ 건성		
음주 습관	□ 유(회/주) □ 음주 거의 안함		
흡연 습관	□ 유(개피/일) □ 흡연 하지 않음 □ 가끔함		
다이어트 경험	□ 유 □ 무		
운동 습관	□ 유(회/주) 운동종류 □ 무		
알레르기 유무	□ 유 □ 무	기타	

2) 관리 방법

관리목적 및 기대효과	관리목적	
	기대효과	
클렌징	□ 오일 □ 크림 □ 밀크/로숀 □ 젤	
딥클렌징	□ 스크럽(Scrub)	
메뉴얼테크닉 제품선택	□ 오일 □ 크림	
손을 이용한 관리형태	□ 메뉴얼테크닉	
팩	□ 건성타입 팩 □ 정상타입 팩 □ 지성타입 팩	
자기 관리 조언(홈케어)	제품을 사용한 관리	
	기타 :	

3) 보디분석표(Body Consultation Sheet)

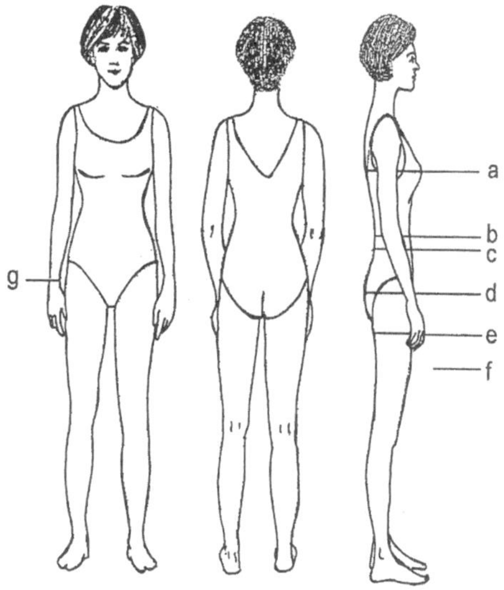

Indicate on diagram the measurements of (측량값 표시)		
a	bust(가슴둘레)	cm
b	waist(허리둘레)	cm
c	hips(배둘레)	cm
d	buttock(엉덩이 둘레)	cm
e	thigh(right)(대퇴/오른쪽)	cm
f	thigh(left)(대퇴/왼쪽)	cm
g	wrist(손목)	cm

Using the following key, indicate (좌측표에 아래그림 표시)

fat(지방) XXXXX
Cellulite(셀룰라이트) /////
Poor muscle tine(빈약한 근육) #####
Strech marks(튼살) SSSSS

Posture falts(자세의 결점) :

4) 요구 범위 확인

관리 목적	관리 회차	관리 간격

5) 관리 프로그램

		관리 시 금기사항
사용할 테크닉 (Techniques used)		
선택한 이유 (Reason for choice)		
관리 부위 (Treatment area)		

고객 동의서	본인은 관리사가 설명해주고 시행하려는 관리내용에 대해 모두 동의하고 관리 받는다. 또한 좀 더 효율적이고 알맞은 관리를 위하여 고객의 정보를 수집하는 데 동의한다. 고객 성명 (서명)
관리자 서명	상담을 통해 수집한 고객의 정보는 보호하고 안전을 유지하여 고객의 기밀을 유지(client confidentiality)하도록 한다. 관리자 성명 (서명)

Ch# 04

피부미용 위생관리

- **분류번호 :** 1201010210_16v2
- **능력단위 명칭 :** 피부미용 위생관리
- **능력단위 정의 :** 고객을 신체적, 정신적으로 안정감을 주기 위하여 작업장을 위생적으로 제공하고 피부미용에 관련된 비품과 직원위생을 철저하게 관리하는 능력이다.

<table>
<tr><th>능력 단위 요소</th><th colspan="2">수행 준거</th></tr>
<tr><td rowspan="4">1201010210_16v2.1
피부미용 작업장
위생관리하기</td><td colspan="2">1.1 위생관리 지침에 따라 피부미용 작업장 위생 관리 업무를 책임자와 협의하여 준비, 수행할 수 있다.
1.2 쾌적함을 주는 피부미용 작업장이 되도록 체크리스트에 따라 환풍, 조도, 냉·난방시설에 대한 위생을 점검할 수 있다.
1.3 위생관리 지침에 따라 피부미용 작업장 청소 및 소독 매뉴얼을 작성할 수 있다.
1.4 피부미용 작업장 소독계획에 따른 작업장 소독을 통해 작업장의 위생상태를 관리할 수 있다.</td></tr>
<tr><td>지식</td><td>• 공중위생관리법
• 작업장 환경관리
• 작업장 안전사항</td></tr>
<tr><td>기술</td><td>• 작업장 위생 관리 기술
• 실내 소독법 적용능력</td></tr>
<tr><td>태도</td><td>• 고객 요청을 적극적으로 수용하는 태도
• 위생적인 작업 규정을 준수하는 태도</td></tr>
<tr><td rowspan="4">1201010210_16v2.2
피부미용 비품
위생관리하기</td><td colspan="2">2.1 위생관리 지침에 따라 피부미용 비품 위생관리 업무를 책임자와 협의하여 준비, 수행할 수 있다.
2.2 위생관리 지침에 따라 적절한 소독방법으로 피부관리실 내부의 비품을 소독 보관할 수 있다.
2.3 소독제에 대한 유효기간을 점검할 수 있다.
2.4 사용종류에 알맞은 피부미용 비품의 정리정돈을 수행할 수 있다.</td></tr>
<tr><td>지식</td><td>• 공중위생관리법
• 작업장 환경관리</td></tr>
<tr><td>기술</td><td>• 시각적인 쾌적함 식별능력
• 작업장 비품 청소, 소독 기술</td></tr>
<tr><td>태도</td><td>• 안전사항을 준수하는 태도
• 위생적인 작업 규정을 준수하는 태도</td></tr>
</table>

<table>
<tr><th>능력 단위 요소</th><th colspan="2">수행 준거</th></tr>
<tr><td rowspan="4">1201010210_16v2.3
직원위생관리하기</td><td colspan="2">3.1 위생관리 지침에 따라 피부미용사로서 깨끗한 위생복, 마스크, 실내화를 구비하여 착용할 수 있다.
3.2 장신구는 피하고 가벼운 화장과 예의 있는 언행으로 작업장 근무수칙을 준수할 수 있다.
3.3 위생관리 지침에 따라 두발, 손톱 등 단정한 용모와 신체를 유지할 수 있다.</td></tr>
<tr><td>지식</td><td>• 작업장 안전사항
• 고객심리 파악 이론
• 공중위생관리법</td></tr>
<tr><td>기술</td><td>• 관리사의 기본적인 외모 관리능력
• 고객과의 대화 시 적절한 용어 사용능력</td></tr>
<tr><td>태도</td><td>• 고객을 편안하게 배려하는 태도
• 위생적인 작업규정을 준수하는 태도</td></tr>
</table>

적용범위 및 작업상황

고려사항

- 이 능력단위는 고객을 신체적, 정신적으로 안정감을 주기 위해 작업장을 위생적으로 제공하고 피부미용에 관련된 비품과 직원위생을 철저하게 관리하는 직무에 적용한다.
- 이 능력단위의 피부관리용품에는 피부유형별 전문가용과 개인용 기초화장품(메이크업 리무버, 클렌징류, 토닉류, 필링류, 영양크림류, 에센스류, 팩류, 로션 등), 비치용 및 판매용 색조화장품, 보디화장품, 피부미용기구(소모품류: 코튼, 면봉, 화장티슈, 해면, 거즈 등) 외 기기(기기에 따른 소모품), 미용에 관계된 잡지(전문가용과 일반인용)와 신문 등을 포함한다.
- 이 능력단위의 작업장은 편안한 분위기의 상담실과 위생적이고 아늑해야 하는 피부관리실, 탈의실, 직원 휴게실, 물품관리실을 포함한다.
- 이 능력단위의 작업장 위생관리는 적정한 조명, 냉·난방, 좋은 환기시설, 냉·온수가 나오는 상하수도 시설, 소음이 들리지 않는 방음 시설, 청소하기 좋은 바닥재, 정기적인 소독 및 방역 작업 등을 포함한다.
- 이 능력단위에 개인위생이란 공중위생관리법규나 보건관련 규정에 의한 개인위생을 포함한다.
- 이 능력단위에 관한 직무 수행 결과는 체크리스트 점검으로 확인한다.

자료 및 관련 서류

- 전문화장품회사의 교육자료
- 화장품이나 피부미용선눈삽지 및 신문
- 인터넷
- 비디오, DVD에 시청각 자료
- 공중위생관리법

장비 및 도구

- 컴퓨터 및 주변기기
- 피부미용기기 및 기구
- 업무용 비품
- 피부관리용 제품
- 공기정화기

재료

- 위생용품
- 소독용품

Ch# 05

피부미용 뱀부테라피

- **분류번호 :** 1201010226_17v4
- **능력단위 명칭 :** 피부미용 뱀부(대나무)테라피
- **능력단위 정의 :** 위생적으로 뱀부(대나무)를 소독하여 신체부위에 맞는 크기를 선택하고 테크닉을 구사하여 신체 순환을 돕는 능력이다.

능력 단위 요소	수행 준거		
1201010226_17v4.1 뱀부(대나무) 소독하기	1.1 뱀부(대나무)에 중성세제를 이용하여 닦고 흐르는 물에 씻어낼 수 있다. 1.2 씻어낸 뱀부(대나무)를 건조 후 소독할 수 있다. 1.3 소독한 뱀부를 위생적인 곳에 보관할 수 있다.		
	지식	• 근골격계·해부생리학 • 공중위생관리법	• 피부 구조와 생리학
	기술	• 뱀부 소독 능력	• 뱀부 보관 능력
	태도	• 뱀부(대나무)를 위생적으로 보관하려는 태도	
1201010226_17v4.2 뱀부(대나무) 선택하기	2.1 뱀부(대나무)의 종류와 작용원리를 파악할 수 있다. 2.2 뱀부의 원리, 효과, 관리방법에 따라 고객의 관리부위에 맞는 뱀부의 크기와 종류를 선택할 수 있다.		
	지식	• 뱀부(대나무) 종류 및 효능 • 피부 구조와 생리학	• 근골격계·해부생리학
	기술	• 뱀부(대나무) 선택 능력	
	태도	• 고객을 배려하는 태도	• 고객표정을 살피는 객관적 태도
1201010226_17v4.3 뱀부(대나무) 테크닉하기	3.1 뱀부(대나무)테라피에 대한 금기사항을 알고 적용할 수 있다. 3.2 뱀부의 성질을 알고 신체부위별 뱀부(대나무)의 크기를 선택하여 적용할 수 있다. 3.3 피부유형에 맞게 뱀부(대나무)의 온도를 조절하여 관리할 수 있다.		
	지식	• 근골격계·해부생리학 • 뱀부의 종류와 효능	• 피부 구조와 생리학

능력 단위 요소	수행 준거	
1201010226_17v4.3 뱀부(대나무) 테크닉하기	기술	• 뱀부(대나무)테크닉 능력　　• 뱀부(대나무) 사운드 활용 능력
	태도	• 고객을 안정감 있게 노력하는 태도 • 고객표정을 살피는 객관적 태도 • 금기사항을 잘 숙지하려는 긍정적 태도

적용범위 및 작업상황

고려사항

- 이 능력단위 뱀부(대나무)테라피는 뱀부(대나무)테라피의 원리와 효과, 관리방법을 잘 파악하여 적용하는지, 신체 각 부위의 온도와 근육 상태에 따라 냉온 뱀부(대나무)를 적절하게 적용하는지, 고객에게 적용할 때 온도가 적정한지, 뱀부(대나무)로 인한 자극을 줄이기 위해 오일 등을 잘 적용하는지, 뱀부(대나무)를 위생적으로 관리하고 보관하는지 등을 고려해야 한다.

자료 및 관련 서류

- 화장품이나 피부미용 전문잡지 및 신문
- 인터넷을 통한 전문 채널

장비 및 도구

- 피부관리용 베드
- 피부관리용 의자
- 피부관리용 웨건
- 온장고
- 자외선 소독기

재료

- 뱀부(대나무) 스틱
- 타월
- 오일
- 화장품
- 알코올, 화장솜

Ch#06

신체 피부미용 전면관리

- **분류번호 :** 1201010241_17v4
- **능력단위 명칭 :** 신체 피부미용 전면관리
- **능력단위 정의 :** 수분과 유분의 보습효과를 높이고 매뉴얼테크닉을 활용하여 복부관리와 가슴관리, 손·팔관리, 발·다리 전면관리를 함으로써 탄력을 유지시키고 노화를 지연시키기 위한 능력이다.

능력 단위 요소	수행 준거	
1201010241_17v4.1 복부관리하기	1.1 고객의 복부상태에 따른 금기사항을 파악할 수 있다. 1.2 복부 피부유형에 맞는 제품을 선택할 수 있다. 1.3 복부의 상태를 파악하고 목적에 맞는 복부 매뉴얼테크닉을 적용할 수 있다. 1.4 시간, 속도, 리듬, 밀착, 세기를 고려하여 복부 매뉴얼테크닉을 구사할 수 있다.	
	지식	• 피부의 구조와 생리학 • 공중위생관리법 • 화장품학 • 근골격계·해부생리학 • 피부관리 이론 • 피부미용기기학
	기술	• 쓸어서 펴 바르기(effleurage) 능력 • 밀착하여 펴 바르기(friction) 능력 • 어루만져 펴 바르기(petrissage) 능력 • 토닥토닥 펴 바르기(tapotement) 능력 • 떨며 펴 바르기(vibration) 능력
	태도	• 고객을 편안하고 안정적으로 배려하는 태도 • 신체부위 노출을 삼가려는 배려심 있는 태도 • 올바른 자세로 관리하려는 의지
1201010241_17v4.2 가슴관리하기	2.1 고객의 가슴피부를 파악하여 금기해야 할 관리와 유두부위를 피할 수 있다. 2.2 가슴 피부유형에 맞는 제품을 선택할 수 있다. 2.3 가슴의 형태를 파악하고 목적에 맞는 매뉴얼 테크닉을 적용할 수 있다. 2.4 시간, 속도, 리듬, 밀착, 세기를 고려하여 가슴 매뉴얼테크닉을 구사할 수 있다.	
	지식	• 피부의 구조와 생리학 • 공중위생관리법 • 화장품학 • 근골격계·해부생리학 • 피부관리 이론 • 피부미용기기학

<table>
<tr><th>능력 단위 요소</th><th colspan="2">수행 준거</th></tr>
<tr><td rowspan="2">1201010241_17v4.2
가슴관리하기</td><td>기술</td><td>• 쓸어서 펴 바르기(effleurage) 능력
• 밀착하여 펴 바르기(friction) 능력
• 어루만져 펴 바르기(petrissage) 능력
• 토닥토닥 펴 바르기(tapotement) 능력
• 떨며 펴 바르기(vibration) 능력</td></tr>
<tr><td>태도</td><td>• 고객을 편안하고 안정적으로 배려하는 태도
• 신체부위 노출을 삼가려는 배려심 있는 태도</td></tr>
<tr><td rowspan="4">1201010241_17v4.3
손·팔관리하기</td><td colspan="2">3.1 손, 팔 피부유형에 맞는 제품을 선택할 수 있다.
3.2 손, 팔의 상태를 파악하고 목적에 맞는 매뉴얼 테크닉을 구사할 수 있다.
3.3 시간, 속도, 리듬, 밀착, 강약을 고려하여 손, 팔 매뉴얼테크닉을 구사할 수 있다.
3.4 손끝에서 어깨견갑골까지 매뉴얼 테크닉을 적용할 수 있다.</td></tr>
<tr><td>지식</td><td>• 피부의 구조와 생리학
• 공중위생관리법
• 화장품학
• 근골격계·해부생리학
• 피부관리 이론
• 피부미용기기학</td></tr>
<tr><td>기술</td><td>• 쓸어서 펴 바르기(effleurage) 능력
• 밀착하여 펴 바르기(friction) 능력
• 어루만져 펴 바르기(petrissage) 능력
• 토닥토닥 펴 바르기(tapotement) 능력
• 떨며 펴 바르기(vibration) 능력</td></tr>
<tr><td>태도</td><td>• 고객을 편안하고 안정적으로 배려하는 태도
• 신체부위 노출을 삼가려는 배려심 있는 태도</td></tr>
<tr><td rowspan="4">1201010241_17v4.4
발, 다리 전면 관리하기</td><td colspan="2">4.1 고객의 발, 다리 전면 피부를 파악하여 금기해야 할 관리를 피할 수 있다.
4.2 발과 다리 전면 피부유형에 맞는 제품을 선택할 수 있다.
4.3 발과 다리 전면의 상태를 파악하고 목적에 맞는 매뉴얼 테크닉을 적용할 수 있다.
4.4 시간, 속도, 리듬, 밀착, 강약을 고려하여 발, 다리 매뉴얼테크닉을 구사할 수 있다.</td></tr>
<tr><td>지식</td><td>• 피부의 구조와 생리학
• 공중위생관리법
• 화장품학
• 근골격계·해부생리학
• 피부관리 이론
• 피부미용기기학</td></tr>
<tr><td>기술</td><td>• 쓸어서 펴 바르기(effleurage) 능력
• 밀착하여 펴 바르기(friction) 능력
• 어루만져 펴 바르기(petrissage) 능력
• 토닥토닥 펴 바르기(tapotement) 능력
• 떨며 펴 바르기(vibration) 능력</td></tr>
<tr><td>태도</td><td>• 고객을 편안하고 안정적으로 배려하는 태도
• 신체부위 노출을 삼가려는 배려심 있는 태도
• 고객의 반응을 살피려는 객관적 태도</td></tr>
</table>

적용범위 및 작업상황

고려사항

- 이 능력단위는 몸매분석을 하여 복부와 가슴, 손·팔, 발·다리 전면 관리를 수행하는 직무에 적용한다.
- 이 능력단위의 몸매신체전면관리란 고객의 피부상태를 파악하여 복부와 가슴, 손·팔관리, 발·다리 전면을 속도, 리듬, 밀착, 강약, 시간 등을 고려하여 5가지 동작인 쓸어서 펴 바르기, 밀착하여 펴 바르기, 어루만져 펴 바르기, 토닥토닥 펴 바르기, 떨며 펴 바르기 등을 적용하여 수행하는 업무를 말한다.
- 이 능력단위는 피부 미용 기기·기구를 적용하여 몸매관리를 수행하는 업무를 포함한다.
- 이 능력단위는 금기사항을 준수하여 수행하는 업무를 포함한다.

자료 및 관련 서류

- 제품 안내 책자
- 피부미용 기기 사용 설명서
- 사용 제품 설명서
- 관련 참고 도서
- 화장품이나 피부미용 전문잡지 및 신문
- 인터넷을 통한 전문 채널
- 비디오, DVD 등의 시청각 자료

장비 및 도구

- 피부관리용 베드
- 피부관리용 의자
- 피부관리용 웨건
- 피부미용에 사용되는 기본 화장품
- 냉·온 타월
- 온장고
- 자외선 소독기
- 피부미용기기 및 기구
- 피부관리 비품
- 피부관리 제품

재료

- 피부미용에 사용되는 기초화장품류
- 온습포
- 냉습포
- 오일·크림

Ch 07

신체 피부미용 후면관리

• **분류번호** : 1201010242_17v4

• **능력단위 명칭** : 신체 피부미용 후면관리

• **능력단위 정의** : 수분과 유분의 보습효과를 높이고 매뉴얼테크닉을 활용하여 신체후면과 둔부관리, 발·다리 후면관리를 함으로써 신진대사를 촉진시키고 뭉쳐진 근육을 이완시키는 능력이다.

능력 단위 요소	수행 준거		
1201010242_17v4.1 신체후면관리하기	1.1 신체후면의 피부유형에 맞는 제품을 선택할 수 있다. 1.2 신체후면의 상태를 파악하고 목적에 맞는 매뉴얼테크닉을 적용할 수 있다. 1.3 시간, 속도, 리듬, 밀착, 세기를 고려하여 신체후면 매뉴얼 테크닉을 구사할 수 있다.		
	지식	• 피부의 구조와 생리학 • 공중위생관리법 • 화장품학	• 근골격계·해부생리학 • 피부관리 이론 • 피부미용기기학
	기술	• 쓸어서 펴 바르기(effleurage) 능력 • 밀착하여 펴 바르기(friction) 능력 • 어루만져 펴 바르기(petrissage) 능력 • 토닥토닥 펴 바르기(tapotement) 능력 • 떨며 펴 바르기(vibration) 능력	
	태도	• 고객을 편안하고 안정적으로 배려하는 태도 • 신체부위 노출을 삼가려는 배려심 있는 태도	
1201010242_17v4.2 둔부관리하기	2.1 둔부상태를 파악할 수 있다. 2.2 둔부상태와 피부유형에 맞는 제품을 선택할 수 있다. 2.3 둔부관리 목적에 맞는 매뉴얼테크닉을 적용할 수 있다. 2.4 시간, 속도, 리듬, 밀착, 강약을 고려하여 둔부 매뉴얼테크닉을 구사할 수 있다.		
	지식	• 피부의 구조와 생리학 • 공중위생관리법 • 화장품학	• 근골격계·해부생리학 • 피부관리 이론 • 피부미용기기학

<table>
<tr><th>능력 단위 요소</th><th colspan="2">수행 준거</th></tr>
<tr><td rowspan="2">1201010242_17v4.2
둔부관리하기</td><td>기술</td><td>• 쓸어서 펴 바르기(effleurage) 능력
• 밀착하여 펴 바르기(friction) 능력
• 어루만져 펴 바르기(petrissage) 능력
• 토닥토닥 펴 바르기(tapotement) 능력
• 떨며 펴 바르기(vibration) 능력</td></tr>
<tr><td>태도</td><td>• 고객을 편안하고 안정적으로 배려하는 태도
• 신체부위 노출을 삼가려는 배려심 있는 태도</td></tr>
<tr><td rowspan="4">1201010242_17v4.3
발·다리 후면 관리하기</td><td colspan="2">3.1 고객의 발, 다리 후면 피부를 파악하여 금기해야 할 관리를 피할 수 있다.
3.2 발과 다리 후면 피부유형에 맞는 제품을 선택할 수 있다.
3.3 발과 다리 후면의 상태를 파악하고 목적에 맞는 매뉴얼 테크닉을 적용할 수 있다.
3.4 시간, 속도, 리듬, 밀착, 강약을 고려하여 발, 다리 매뉴얼테크닉을 구사할 수 있다.</td></tr>
<tr><td>지식</td><td>• 피부의 구조와 생리학
• 근골격계·해부생리학
• 공중위생관리법
• 피부관리 이론
• 화장품학
• 피부미용기기학</td></tr>
<tr><td>기술</td><td>• 쓸어서 펴 바르기(effleurage) 능력
• 밀착하여 펴 바르기(friction) 능력
• 어루만져 펴 바르기(petrissage) 능력
• 토닥토닥 펴 바르기(tapotement) 능력
• 떨며 펴 바르기(vibration) 능력</td></tr>
<tr><td>태도</td><td>• 고객을 편안하고 안정적으로 배려하는 태도
• 신체부위 노출을 삼가려는 배려심 있는 태도
• 고객의 반응을 살피려는 객관적 태도</td></tr>
</table>

적용범위 및 작업상황

고려사항

- 이 능력단위는 몸매분석을 하여 신체후면과 둔부, 발·다리 후면 관리를 수행하는 직무에 적용한다.
- 이 능력단위의 상체후면관리란 고객의 피부상태를 파악하여 신체후면과 둔부, 발·다리 후면을 속도, 리듬, 밀착, 강약, 시간 등을 고려하여 5가지 동작인 쓸어서 펴 바르기, 밀착하여 펴 바르기, 어루만져 펴 바르기, 토닥토닥 펴 바르기, 떨며 펴 바르기 등을 적용하여 수행하는 업무를 말한다.
- 이 능력단위는 피부 미용 기기를 적용하여 몸매관리를 수행하는 업무를 포함한다.

자료 및 관련 서류

- 제품 안내 책자
- 피부미용 기기 사용 설명서
- 사용 제품 설명서
- 관련 참고 도서
- 화장품이나 피부미용 전문잡지 및 신문
- 인터넷을 통한 전문 채널
- 비디오, DVD 등의 시청각 자료

장비 및 도구

- 피부관리용 베드
- 피부관리용 의자
- 피부관리용 웨건
- 피부미용에 사용되는 기본 화장품
- 냉·온습포
- 온장고
- 자외선 소독기
- 피부미용기기 및 기구
- 피부관리 비품
- 피부관리 제품

재료

- 피부미용에 사용되는 기초화장품류
- 온습포
- 냉습포

Ch# 08

피부미용 고객마무리관리

- **분류번호** : 1201010206_17v4
- **능력단위 명칭** : 피부미용 고객마무리관리
- **능력단위 정의** : 피부관리를 마친 고객의 만족도를 상담한 후 지속적인 유지 관리를 시행하고 홈케어를 조언하는 능력이다.

<table>
<tr><th>능력 단위 요소</th><th colspan="2">수행 준거</th></tr>
<tr><td rowspan="4">1201010206_17v4.1
관리 후 상담하기</td><td colspan="2">1.1 고객을 상담실로 안내하여 서비스를 제공할 수 있다.
1.2 안내받은 고객과의 상담을 통해 만족도를 측정할 수 있다.
1.3 상담 후 고객관리카드를 정리할 수 있다.</td></tr>
<tr><td>지식</td><td>• 상담·심리학
• 피부관리학
• 화장품학</td></tr>
<tr><td>기술</td><td>• 상대의 심리를 파악하는 대화능력
• 피부유형 식별 능력
• 화장품판매 능력</td></tr>
<tr><td>태도</td><td>• 고객을 배려하는 태도
• 고객의 의견에 귀를 기울이는 태도
• 고객과의 상담내용에 대한 비밀 준수 태도
• 객관적인 자세</td></tr>
<tr><td rowspan="3">1201010206_17v4.2
고객유지관리하기</td><td colspan="2">2.1 개인정보수집·이용에 관한 동의서를 받을 수 있다.
2.2 수집된 정보를 정리하여 활용할 수 있다.
2.3 고객일정에 따른 스케줄을 관리할 수 있다.
2.4 고객기념일과 특정일에 부가적인 서비스를 안내할 수 있다.
2.5 불만고객에 대한 리스트를 작성하여 문제점을 중점 관리할 수 있다.
2.6 고정고객 외 재방문하지 않는 고객의 문제점을 분석할 수 있다.</td></tr>
<tr><td>지식</td><td>• 피부관리학
• 화장품학
• 소비자보호법</td></tr>
<tr><td>기술</td><td>• 문제해결 능력
• 피부유형 식별 능력
• 화장품판매 능력
• IT 활용능력
• 정보분석능력
• 불만에 대한 고충처리 능력</td></tr>
</table>

<table>
<tr><th>능력 단위 요소</th><th colspan="2">수행 준거</th></tr>
<tr><td>1201010206_17v4.2
고객유지관리하기</td><td>태도</td><td>• 고객에게 신뢰를 주기 위해 노력하는 태도
• 고객의 의견에 귀를 기울이는 태도
• 업무에 객관적인 태도
• 개인정보 보호법에 의한 사항을 준수하는 태도</td></tr>
<tr><td rowspan="4">1201010206_17v4.3
홈케어 조언하기</td><td colspan="2">3.1 서비스를 제공받은 고객에게 맞는 제품을 선별할 수 있다.
3.2 추천한 제품에 대한 사용방법을 설명할 수 있다.
3.3 잘못된 생활환경 및 습관에 대해 조언할 수 있다.
3.4 홈케어 진행과정을 정기적으로 확인할 수 있다.</td></tr>
<tr><td>지식</td><td>• 피부관리학
• 화장품학
• 운동생리와 영양 이론
• 라이프사이클 트랜드 이론</td></tr>
<tr><td>기술</td><td>• 대화 능력
• 피부유형 식별 능력
• 화장품판매 능력
• 불만에 대한 고충처리 능력</td></tr>
<tr><td>태도</td><td>• 고객에게 신뢰를 주기 위래 노력하는 태도
• 고객의 의견에 귀를 기울이는 태도
• 업무에 객관적인 태도
• 개인정보 보호법에 의한 사항을 준수하는 태도</td></tr>
</table>

적용범위 및 작업상황

고려사항

- 이 능력단위는 피부관리를 마친 고객의 만족도를 상담한 후 지속적인 유지 관리를 시행하고 홈케어를 조언하는 직무에 적용한다.
- 이 능력단위는 편안하고 쾌적한 시설의 상담실 내에서 이루어지도록 고려한다.
- 이 능력단위의 고객 유지관리는 신규 고객과 기존 고객의 관리를 포함한다.
- 이 능력단위의 홈케어 조언은 피부관리를 받은 후 고객관리 카드와 상담 내용을 참고로 하여 고객에게 맞는 제품을 추천하고 추천한 제품에 대하여 사용법을 설명하여 홈케어를 하도록 도와주고 사후관리를 하는 것이다.

자료 및 관련 서류

- 고객관리 카드
- 제품설명서
- 기기설명서

장비 및 도구

- 컴퓨터 및 주변기기
- 화장품진열대
- 피부미용기기

재료

- 화장품

III

보완대체요법
(피부미용측면에서의 테라피 종류)

PART 01 매뉴얼테크닉(수기)을 이용한 테라피 정의

PART 02 도구를 이용한 테라피 정의

보완대체요법은 서양의학 외의 모든 전통의학과 민간요법들을 통틀어 보완의학 또는 대체의학이라고 부르기 시작했다. 자연주의를 선호하고 웰빙(Well-being)을 추구하는 사람들의 관심이 많아지면서 질병 예방 및 치료를 기존의 정통의학과 보완대체요법을 통하여 관리함으로써 행복하고 아름다운 삶의 유형이나 문화를 확대해가고 있다. 따라서 웰빙, 웰니스, 보완대체요법과 뷰티 관련 산업도 적극적으로 발전하고 있다.

보완대체요법은 정통 현대의학이 존재하기 전부터 인류의 역사와 함께 시작되었으며 고대 중국의 침술 또는 인도의 요가, 이집트의 약초 요법 등 350여 종이 있다. 한국의 경우에도 서양의학이나 한의학을 제외하고도 전통적으로 전해 내려오는 민간요법이나 수기치료, 침구요법, 약초요법, 기공요법, 식이요법, 고열요법 등 다양한 분야에서 활발하게 확산되고 있음을 알 수 있다. 의학이 발달함에 따라 서양의학의 문제점을 보완하고 대체하고자 출발하였으며 정통 서양의학이 아닌 의학의 개념들과 각 고유 민족의 전통 의학들이 합쳐져 있기 때문에 보완대체요법은 보완의학, 대체의학 또는 보완대체의학이라고도 한다.

미국 보완대체의학센터에서는 보완대체요법을 2006년 전통적 대체의학, 심신조정요법, 생체중심 대체요법, 신체 수기요법, 에너지요법 등 총 5가지로 분류하였다. 그 중 신체 수기요법에는 마사지요법, 지압요법, 정골요법, 테이핑요법, 발반사요법 등이 포함된다. 보완대체요법 중 하나인 마사지요법은 현대의학이 해결할 수 없는 만성질환의 치료와 신체적 웰빙을 위해 일반인들 사이에서 폭넓게 이용되고 있으며, 피부미용에서 사용되고 있는 매뉴얼테크닉의 종류에는 매뉴얼테크닉(수기)과 도구를 사용하는 테크닉으로 구별된다. 매뉴얼테크닉(수기)은 스웨디시테라피, 신체순환 경락매뉴얼테크닉, 아로마테라피, 딥티슈테라피, 로미로미테라피, 림프드레나지 등이 있으며, 도구를 이용한 테라피는 뱀부테라피, 스톤테라피, 괄사테라피, 골드테라피 등이 있다. 이러한 테라피는 자연치유력을 극대화시켜서 인체면역기능을 증가시킴으로써 신경계, 근육계, 골격계, 심혈관계 등의 균형을 이루게 해준다. 또한 노폐물과 독소를 배출시키므로 얼굴의 부종과 아름다운 턱선을 만들어줌으로써 얼굴 크기를 축소시키는 수기미용성형요법기술, 윤곽테라피 등 다양하게 증가하고 있는 추세이다. 보완대체요법 매뉴얼테크닉은 고대부터 전통적인 치료방법으로 사용되어 왔으며 현대에도 여러 분야에서 응용되고 있다.

매뉴얼테크닉(수기)을 이용한 테라피 정의

PART

01

Ch# 01

신체순환 경락매뉴얼테크닉

세계 보건 기구인 WHO에서는 100여 가지 이상의 질병에 경락이론을 근간으로 하는 침술요법이 효능이 있는 것을 공식적으로 인정하였다. 이것은 동양의 경락이론에 근간을 둔 대체요법 및 경락의 효능에 많은 관심을 가지고 있음을 보여주고 있다. 동양의 가장 오래된 수기요법의 하나인 경락 매뉴얼테크닉은 오랜 치료 역사를 가지고 있다. 동양에서는 타인에 의해 건강을 치료받는 행위로 육체와 정신을 연결하는 에너지(energy) 또는 기(Qi)가 신체에 유기적으로 흐른다고 믿었기 때문에 그것이 차단되면 질병이 생긴다고 여겼다. 이는 몇 천 년이 지난 오늘날까지도 동양 치료의 근간을 이루고 있으며 의학적, 물리학적, 철학적 요소로 이용되어 인간의 삶을 혁신시키는 데 큰 역할을 해왔다. 경락 매뉴얼테크닉은 기혈의 통로인 경맥과 낙맥에 분포하는 반응점인 경혈을 일정한 형식에 따라 자극함으로써 기혈의 순행을 원활하게 한다. 경락 매뉴얼테크닉은 피부표면을 직접적으로 자극하기 때문에 피부의 국소체온이 높아지고 모세혈관을 확장 또는 수축시켜 대사 작용이 원활해지고 림프액 흐름이 촉진되어 피부 내의 수용기에 영향을 미쳐 신진대사를 원활하게 한다. 다른 신체부위보다 신경계가 집중적으로 발달되어 있는 등에는 촉각에 의한 감각이 뛰어나므로 등 부위를 활성화시키면 척수를 통해 대뇌까지 자극이 전달되어 유쾌감과 이완감을 느끼게 한다. 등 경락 매뉴얼테크닉은 등 부위 전면에 가장 길고 중요한 방광경락이 흐르고 방광경락은 각 경락이 가지고 있는 진단점과 치료점인 12경락의 수혈이 모두 분포되어 있기 때문에 등 부위를 관리함으로써 전신의 기혈을 조절할 수 있고 시상하부의 반응으로 교감신경은 안정되고 부교감신경은 활성화시켜 혈압, 맥박, 호흡, EMG(electromyogram level)의 수준이 안정화되어 수면 증진, 활기성 증가 및 불안 완화, 스트레스 감소 등으로 신체 피부개선에 도움이 된다. 또한 장기의 내재된 운동능력을 재생하여 오장육부의 움직임이 활발해지면서 복부 내장기능이 활성화되어 소화 장애가 개선되고 이로 인해 생활태도에 자신감을 부여하여 삶의 질 개선(the Quality of Life Improvement)에 효과를 나타낸다. 경락 매뉴얼테크닉은 경혈의 자극과 오장육부의 생리적 기능의 조절을 통해 자연 치유력을 촉진하는 효과를 보임으로써 치료 보조요법의 한 수단으로 다양하게 응용되어 오고 있다. 또한 셀프 경락 매뉴얼테크닉과 안면용 롤러 마사지 기구를 이용한 셀프 경락 매뉴얼테크닉은 피부 탄력 증대, 얼굴 혈류량 증대, 피부색 개선에 효과적이다.

Ch# 02

스웨디시테라피

스웨디시테라피는 세계 3대 매뉴얼테크닉 중 하나로 고객의 몸과 마음을 행복하게 해주는 가장 기초적인 매뉴얼테크닉이며 가장 오래되고 간단한 의술의 한 형태이다. 운동치료요법을 바탕으로 스웨덴에서 개발된 매뉴얼테크닉 방법으로 가볍고 부드러운 동작과 리드미컬한 매뉴얼테크닉을 구사하여 피로를 회복시키고 릴랙싱한 느낌을 특징으로 하여 에스테틱 분야에서 많이 활용되고 있는 모든 매뉴얼테크닉에서 대표적인 기본테크닉이다. 스웨디시테라피는 손을 이용해 안면과 전신에 적용할 수 있으며 신체의 혈관을 자극하여 혈액순환을 도와주고 몸속의 노폐물을 제거하고 근육과 관절이완, 자율신경계 이완 및 스트레스 이완을 목적으로 한다. 스웨디시테라피는 스포츠 경기에서 컨디셔닝 효과와 근육의 유연성 향상, 피로회복이나 이완효과에도 이용되고 외상이나 상해치료를 목적으로 하는 의료 매뉴얼테크닉 분야가 포함된다. 스웨디시테라피는 유럽의 의사나 생리학자에 의해 개발되고 발전된 문서화된 최초의 매뉴얼테크닉이라고 할 수 있다.

일반적인 스웨디시 매뉴얼테크닉은 5가지 주요 동작으로 구성되어 있고 이 동작들은 근육의 상층 부위에 더욱 많이 작용하여 근육 긴장 완화는 물론 심장으로의 혈액 순환을 원활하게 하는 일반적인 특성을 가지고 있다. 쓰다듬기(effleurage), 주무르기(petrissage), 문지르기(friction), 두드리기(taporment), 흔들기(vibration)와 같은 5가지 동작을 사용한다. Effleurage는 피부를 가볍게 쓰다듬거나 문지르는 동작으로 근육이완과 림프순환, 혈액순환을 촉진하고, Petrissage는 근육을 강하게 쥐어짜는 방법으로 근육 힘을 늘려주어 움직임을 쉽게 하고 근육 작용을 돕는다. Friction은 나사모양의 원을 그리며 하는 동작으로 근육이완과 혈액순환을 도와주어 근육 유착을 방지한다. Taporment는 손가락을 이용해 적당한 힘으로 두드리는 방법이며 근육을 자극할 때 사용한다. Vibration은 손 전체를 이용해 자연스럽게 떨어주는 방법으로 피부와 근육에 피로를 푸는 데 도움을 준다. 스웨디시테라피는 심신의 이완에 대한 기대치가 높아 근육의 긴장도를 낮추어 외형적으로 비정상적인 체형은 좀 더 정상적인 체형으로 바꾸어 줄 수 있으며, 테라피를 통해 긴장을 풀어주면 정서적인 안정에도 도움이 된다. 스웨디시테라피를 받는 동안 마음이 편안해지고 자율신경계 기능에 균형을 이루어 근육의 경직이 완화되며 육체적인 효과뿐만 아니라 정신적인 효과를 극대화시킨다. 또한 체내순환을 증진시켜 에너지를 공급하고 엔도르핀을 방출하며 피로 회복이나 질병예방 효과가 있다.

Ch# 03

아로마테라피

아로마테라피(aromatherapy)란 향 또는 향기를 의미하는 아로마(aroma)와 치유 또는 치료를 의미하는 테라피(therapy)의 합성어로, 향을 가진 허브식물로부터 추출해낸 에센셜오일을 이용하여 인체의 특정 부분의 증상을 완화하거나 정신적인 기능을 활성화하고 심리적인 스트레스를 이완하기 위하여 사용하는 것을 말한다. 아로마 오일을 몸에 바르거나 냄새를 맡으면 기분, 성격 등 마음에 영향을 미치고 신진대사 기관의 활동을 활발하게 하여 현대인의 스트레스를 부작용 없이 치료하는 역할을 한다. 신체에 흡수된 이후 3시간에서 6시간 안에 완전히 체외로 배설되므로 신체의 전반적인 기능이 저하된 환자에게 적용하였을 때도 안전한 방법이다. 따라서 아로마테라피란 향을 지닌 약용식물의 꽃이나 뿌리, 잎, 줄기, 열매로부터 추출해낸 천연 방향 성분인 에센셜오일을 인체에 흡입· 흡수시켜 질병을 예방하고 치료하며 건강의 유지· 증진을 도모하는 자연치료요법이라고 할 수 있다.

5천 년 전부터 이집트, 로마, 인도, 중국 등지에서 시작되어 근대에는 1930년대 프랑스 화학사 르네 모리스 가뜨포세(Rene Maurice Gattefosse)에 의해서 아로마 사용에 의한 치료 개념이 포괄적이고 구체적으로 정립되었다. 아로마테라피는 아로마 에센셜오일을 이용하여 몸과 마음을 건강하게 하며, 정신적·신체적 균형을 유지시키는 방법이나. 아로마테라피의 적용은 증상에 따라 꽃, 열매, 줄기, 잎, 뿌리 등 다양한 부위에서 추출한 아로마 에센셜오일을 흡입하거나 반신욕, 매뉴얼테크닉 등의 방법을 이용해 심신을 건강하게 하는 자연요법 또는 대체의학이라고 할 수 있다. 약에만 의존하지 않고 자연의 소재를 이용해서 인간이 본래 갖고 있던 자연 치유력을 높여서 병의 원인이 되는 스트레스나 심신의 불균형 상태를 신체적, 정신적, 감정적, 영적인 차원에서 치유 개선의 효과를 가져 오는 전인치료(Holistic)요법이다. 아로마 에센셜오일은 대개 모공과 땀샘을 통하여 피부에 직접 흡수하거나 코로 흡입된 향 분자는 후각조직의 점막에 닿게 되며 이때 점막에 있는 후각신경을 통해 대뇌신경계 중 변연계에 전해진다. 대뇌에 전달된 향 분자는 본능적인 활동의 감각을 연결하고 조절해 주는 시상하부로 전달되어 시상하부의 명령에 따라 뇌하수체에 전해지면 대뇌호르몬이 왕성하게 분비되면서 흡입된 에센셜오일 분자들이 혈관으로 들어가 온몸으로 퍼져 세포 활성을 촉진한다. 이러한 에센셜오일은 화학적 성분에 기초하여 분류될 수 있는 향분자의 혼합물로 휘발성 생화학 구조물이 향의 독특한 향기와 고유의 기능을 나타낸다.

아로마테라피는 식물에서 추출한 에센셜오일의 치유적 성분을 이용한 대체요법의 일종으로 신체적, 정신적 건강 유지와 증진에 도움이 되며, 보건, 의료, 미용 분야를 비롯한 전문분야는 물론 일상생활에서도 마사지법, 음용법, 흡입법 등의 형태로 널리 활용되고 있다. 치료적 효과(therapeutic effect)를 가진 방향성 약용식물에서 추출한 100% 천연 에센셜오일을 이용하여 신체(body), 마음(mind), 감성(emotion) 그리고 정신(spirit)의 치료 효과를 추구하는 대표적인 전인적 요법(holistic therapy)이다. 시간과 장소에 구애없이 자유롭게 적용할 수 있는 방법이며 감성적 건강이 신체의 건강을 의미한다는 이론으로 아로마테라피가 정신과 감정, 몸과 영혼의 분리를 극복할 수 있는 요법으로 설명한다. 또한, 신체에 유입된 향기가 직접적으로 뇌에 영향을 미쳐서 심리적 이완 및 근육 이완 효과로 불안감과 우울증, 수면장애 등과 같은 스트레스성 증상들을 조절할 수 있는 비침습적인 방법으로 정신적, 육체적 질환들을 예방하고 치유하는 데 도움을 준다. 아로마테라피는 부작용이 거의 없고 갱년기조절, 불안조절, 비만조절, 우울조절, 스트레스조절, 수면조절, 지질조절, 통증조절, 피로조절, 혈압조절 등에 효과적이며, 신체와 심리의 항상성 유지, 부조화 개선, 행복감 향상, 면역기능 강화에도 효과가 있다. 아로마 요법의 효과는 아로마 오일의 향이 후각신경을 통해 대뇌에 변연계(limbic system)로 전달되어 신경·생리·화학적인 작용을 나타내며 호흡에 의해 폐로 들어가 혈관으로 흡수되어 대뇌에 작용하여 세로토닌(serotonin)이라는 스트레스 저항호르몬의 분비를 촉진하여 지나친 긴장이나 걱정을 감소시킨다. 일반적인 감각정보는 두뇌의 뇌간(brain stem)을 거쳐 감각정보의 정거장 역할을 하는 시상(thalamus)에 모여 여기에서 각각의 감각중추가 있는 대뇌피질로 전달된다. 그러나 후각 정보시스템(olfactory system)은 시상(thalamus)을 거치지 않고 변연계(limbic system)의 일부인 후각신경구(olfactory system)를 통하여 정서를 조절하는 변연계로 바로 전달된다. 후각 정보 시스템의 이러한 작용은 진화적인 의미가 있다고 볼 수 있다. 즉, 인간은 문명이 발달되기 이전에는 각종 스트레스 상황에 즉각적으로 반응하기 위해서 가장 정보처리가 빠른 후각시스템에 의존해서 생존해 왔고 후각이 인체에 대한 유효성을 인식하기 위한 빠른 작용을 하고 있기 때문이다. 이러한 작용은 바로 기분조절을 하는 변연계에 영향을 준다. 변연계에는 기분을 조절하는 각종 신경전달물질(도파민, 세로토닌, 노르에프네프린)이 널리 분포되어 있다. 따라서 아로마테라피는 빠르게 변연계의 신경전달물질에 작용하여 기분을 조절하게 되는데 이것은 두뇌에서 스트레스가 인체에 전달되는 주요경로인 자율신경계, 면역계, 내분비계에 영향을 미치며, 그것으로 인체에 각종 영향을 미치게 된다.

Ch#04

딥티슈테라피

윌헴 라이히(Wilhelm Reich)가 시작한 신체와 감정의 자극적 치료법인 심부조직 매뉴얼테크닉은 딥(Deep)이라는 심부를 뜻하는 단어와 티슈(Tissue)라는 조직을 뜻하는 단어를 합하여 심부층까지 세밀한 효과를 적용시켜 굳게 닫혀있는 조직들을 잘 풀어내는 매뉴얼테크닉 기법이다. 여기서 조직이란 같은 형태의 세포들이 특수한 목적을 위하여 모인 집단을 말하며 우리 인체에는 크게 상피조직, 근육조직, 신경조직, 결합조직으로 분류되어 있다. 압을 누르고 신전시켜 신체를 치유하는 클리니컬로 유명한 이 테크닉은 독소 피로물질로부터 정화하고 심신을 이완시켜 모든 스트레스에서 해방시키기 위한 방법 중 한 방법이다. 딥티슈 매뉴얼테크닉은 신체의 피부층, 지방층, 근육층, 골격상태를 이해하고 판독하여 표층에서 심부층까지 단계적으로 깊게 진입해 신체 각 층을 이완시키는 것이다. 이러한 기법으로 결합조직의 근막, 근육, 건을 신장시키고 만성 연부조직의 유착분리, 국소허혈 변성조직 내로의 산소와 영양공급, 심부근육의 압통점(Trigger point) 제거, 관절의 가동범위 증진, 림프배농과 부종감소, 셀룰라이트 분해와 지방질감소 등의 효과가 있다. 일반적인 관리보다 중심점이 있는 테크닉이며 연근육의 심층에서 접근할 수 있도록 표면에서 시작하여 근육의 심층부가 좀 더 잘 움직일 수 있도록 천천히 접근하여 긴장이나 불필요한 충격에서 벗어나서 조직을 효과적으로 이완시켜 결합조직의 전신순환을 촉진시키고 신체의 자세 불균형을 바로 잡는 데 목적이 있다.

Ch# 05

로미로미테라피

인체가 하와이 파도와 폭포의 조화를 이루고 있다는 뜻으로 하와이 토착민들의 생활 속에서 엿볼 수 있는 깊고 정교한 힐링 기법이다. 다양한 매뉴얼테크닉과 오일을 사용하여 손, 팔꿈치, 팔을 이용하여 역동적이면서 부드럽고 적절하게 압을 조절한다. 바다의 밀물과 썰물의 공존 속에서 일어나는 에너지의 움직임과 삶의 역동성을 찾아내는 치료방식을 구현하고 육체, 감정, 영혼의 치료를 얻는다. 신체의 순환계, 근골격계, 신경계, 내장기관 등 기능회복에 효과적이다. 춤추는 로미로미 매뉴얼테크닉은 시작 전과 끝난 후에 폴라리티(Polarity)가 의식처럼 행해진다. 시술자도 차분하게 힐링하는 자세와 마음가짐으로 로미로미 매뉴얼테크닉을 시작하게 된다. 로미로미 매뉴얼테크닉으로는 태양예배, 플라이 댄싱 스텝, 댄싱 섬, 사이드 더블 위글리 등이 있다.

Ch# 06

림프드레나지(Lymph- drainage)

덴마크의 물리치료사이자 치료사인 에밀보더 박사(Dr. Vodder)에 의해서 만들어진 기법으로, 손을 이용하여 림프의 배출을 촉진시키는 방법이며 현재 국내에서는 림프배농, 림프드레나지, 엠엘디 등 여러 형태로 불리고 있다. 림프 매뉴얼테크닉의 생리적 작용은 신체의 조직으로부터 젖산과 노폐물을 제거하며 깨져버린 자율신경계의 균형을 림프드레나지를 적용하여 교감신경·부교감신경을 자극하여 이완작용을 유발시켜 통증완화에 관여하고 신체의 진정 및 이완의 효과를 보게 된다. 림프는 림프계(Lymphatic system)를 총칭하는 말로, 림프관과 림프절을 비롯해 비장, 흉선을 포함하는 광범위한 개념이다. 림프계의 일반적인 기능은 혈액에서 유출되는 조직액을 다시 혈액으로 되돌리는 작용과 이물질 제거에 의한 신체 방어 작용, 면역 작용, 식균 작용 등이 있다. 인체의 필요한 물질 유입은 동맥계를 통해 이루어지고 불필요한 노폐물 등은 정맥계를 통한 여과에 의해 이루어지는데 림프는 정맥의 모세혈관에 의해 제거되지 못하는 물질들을 제거하는 역할을 한다.

우리 몸은 항상성을 유지하기 위해 조직으로부터 노폐물, 단백질, 독소, 세균 등을 운반하는 림프계가 필요하다. 림프계는 혈액과 유사하지만 혈액순환처럼 심장을 기준으로 연결된 관을 통하여 물질이 이동하지 않고 조직 사이에서 시작되는 작은 모세림프관에서 시작하여 말초 림프액을 중심쪽으로 이동시키는 일방시스템(one-way system)으로 물질이 이동한다. 이러한 물질의 전달은 순환계, 신경계만큼 우리 몸에서 중요하다. 림프드레나지의 림프는 '임파'라고도 하며 인체에 고루 분포하여 면역 신진대사에 있어 중요한 작용을 하는 물질로, 조직세포 사이에 존재하는 조직액이 림프관에 들어있는 것을 말하는데 모세 림프관은 림프액을 이동시킬 수 있는 근육이 없어 주변의 골격근이 수축하게 되면 림프관의 방향으로 꿀처럼 걸쭉한 림프액이 느리게 이동하면서 거의 모든 혈장단백질과 정맥 벽을 통과할 수 없는 대분자량의 물질을 수송한다. 림프계의 손상으로 팔 또는 다리 등의 조직 단백질의 비정상적인 축적, 산소공급 저하로 발생되는 조직팽창, 만성 염증의 지속적인 상태를 림프부종이라 하는데 림프부종 관리와 치료에 있어서 가장 효과적인 방법으로 알려진 림프드레나지는 림프부종 부위에서 림프액(체액과 단백질 등)을 제거하는 아주 부드러우면서 특별한 매뉴얼

테크닉 방법이다. 림프드레나지는 상대적으로 느슨한 결합조직에 적용되어 원활한 흐름을 유도해서 림프계에 작용하여 림프의 흐름을 원활하게 해주며 젖산과 노폐물을 제거하도록 도와줌으로써 신체적, 정신적 효과를 가져다준다. 림프드레나지는 림프절을 일정한 속도와 압, 리듬으로 매뉴얼 테크닉을 실행하여 림프절을 심장방향으로 가볍게 쓰다듬어서 림프관을 이완시켜 정체되어 있는 림프액을 순환·배출을 촉진시키는 방법으로 의학과 미용 분야에서 널리 사용되고 있는 방법이다. 1954년 국제 CIDESCO대회에 소개되면서 대중화되었다.

도구를 이용한 테라피 정의

02
PART

Ch#01
뱀부테라피

문명이 발달하기 전부터 자연에서 손쉽게 얻을 수 있었던 뱀부(대나무)를 이용한 기법으로, 인간의 신체가 아프기 시작하면서 자연스럽게 시작된 테라피라고 할 수 있다. 뱀부테라피는 뱀부를 이용한 가장 자연스러운 예술의 아름다운 매뉴얼테라피로, 고대 힌두교도, 페르시아 및 이집트에서는 뱀부(대나무)를 질병 관리에 이용하였다. 뱀부(대나무)가 많이 자라고 있는 중국, 인도네시아, 일본, 중국에서 뱀부(대나무) 줄기는 생명 에너지, 번영, 장수, 성욕, 영원한 젊음, 힘, 평화를 상징한다. 뱀부테라피가 새로운 기술처럼 보일 수 있는 것은 단순히 그 자체보다 고대의 뿌리와 더 깊은 연관성을 가지고 있기 때문이다. 뱀부테라피는 북미 사람인 나탈리 세실리아에 의해 미국에서 뱀부 스틱을 고객에게 관리하던 중에 심부근육을 이완시키는 방법으로 개발되었고 뱀부를 이용한 퓨전테라피 교육과정을 개설하여 플로리다아 미국공인자격증협회(National Certification Board for Therapeutic Massage and Bodywork, NCBTMB)에서 교육 수료 후에 Bamboo(대나무)테라피 자격증을 받을 수 있도록 법적인 승인 인가를 받았다. 또 다른 뱀부테라피는 두개천골요법을 공부한 멕시코 출신 에르네스토 오리티즈(Ernesto Ortiz)가 1994년부터 뱀부를 테라피스트의 손, 팔 등 신체의 연장선으로 이용하여 다양한 길이와 둘레의 뱀부 스틱을 선보이며 뱀부테라피로 발전시켰다. 대나무 잎과 줄기에는 flavone glycosides, phenolic acids, coumarin lactones,anthraquinones, amino acids, silica 등의 활성 성분이 다량으로 함유되어 있어 항산화, 항노화 및 항균 활성이 높은 것으로 알려져 있다. 특히 Silica는 피부, 머리카락, 손톱을 형성하는 필수 무기성분으로 피부에 탄력성 증진 및 뼈의 건강 증진에 도움을 주고, 화장품의 백색 안료로서 커버력을 유지시키는 분체(Powder)로 사용되고 있다. 이러한 성분을 함유하는 뱀부 스틱을 사용하는 뱀부테라피는 매뉴얼테크닉(수기)보다 근육을 쉽게 이완시켜 주고 심부 근육에까지 영향을 미쳐 긴장된 근육의 통증이 완화되고 신진대사를 원활하게 하여 효능이 오랫동안 유지될 수 있도록 해 준다. 또한 긴장된 인체의 부위에 적용하여 신체적 피로를 풀어줄 뿐 아니라 도구가 주는 치유적 요소로 정신적 긴장을 해소시켜 주는 자연친화적인 테라피로 여겨지고 있다. 뱀부테라피의 효능은 대나무에서 방출되는 음이온과 원적외선 성분이 체내 활성산소를 소거시켜 자율신경을 안정시켜 주고, 심부 조직에 압박이 가해져 혈액 흐름이 활발해지면서 림프순환이 개선됨으로써 부종과 셀룰라이트의 분해를 돕는 작용이 있다. 그리고 뱀부테라피는 수면의 질을 개선시키고, 우울증을 완화시킬 수 있는 자연적인 힐링 관리 방법이며, 엔도르핀 분비를 증가시켜 질병예방에 도움이 될 수 있다. 뱀부테라피는 적은 압을 가지고도 뱀부 스틱을 활용하여 림프 순환과 신경, Deep 근육, 근막 등 깊은 곳까지 적용된다. 심부근육에 적용되는 메뉴얼테크닉의 경우에는 대상자의 근육 뭉침과 압의 정도에 따라 통증을 유발할 수 있으므로 스톤과 아로마테라피와 같은 다른 관리와 접목하면 더욱 큰 효과가 가능하다. 이는 성인 남녀 모두를 힘들이지 않고 손쉽게 깊숙한 근육층까지 관리가 가능하다. 또한 뱀부를 피부관리실에서 사용할 경우 아로마 오일을 이용하여 활용하는 것이 대부분이지만 옷을 입고 관리를 받는 스포츠마사지, 시아추테라피와 같이 건식으로도 활용이 가능하다. 한국형 뱀부테라피는 대칭된 손잡이, 최적의 길이, 지름, 형태, 질감으로 규격화된 뱀부의 둥근표면과 길이를 이용하여 얼굴 및 전신을 관리함으로써 최상의 컨디션을 회복시켜주는 과학적 웰빙 건강관리 테라피라고 할 수 있다.

Ch#02

스톤테라피

스톤테라피 역사에는 따뜻하게 사용한 기록이 많으며 동양의 침술의학을 대신하는 역할을 하였고 고대 인디언의 정신, 육체균형과 힐링을 민간요법으로 사용하였다. 수천 년간 이어온 동방의학 즉, 중국이나 아시아권에 전해 내려오는 민간요법과 한방의 뜸에서 비롯된 것이며 현대 침술의 모태가 된 것으로 자연의 에너지가 함축되어 있는 돌을 이용해서 신진대사를 촉진하고 신체 리듬을 원활하게 하여 신체의 균형을 이루는 것이 기본원리이다. 현대적 스톤테라피는 1990년대 초 인디언들이 많이 살고 있었던 미국 애리조나 주 투산 지역에서 메리넬슨 하니건이 스톤테라피 전용 마사지 살롱을 운영하면서 보급이 시작되었고 현재는 미국 뉴욕을 비롯하여 전 세계적으로 가장 빠르게 성장하고 있는 마사지가 되었다. 필리핀인들은 거친 돌을 건조하고 노화된 피부를 관리하기 위해 사용하였고 러시아인들은 혹독한 긴 겨울을 나기 위해 뜨겁게 데운 검은 돌을 이용하였다. 일본의 수도승들은 식사 후에 복부를 따뜻하게 하기 위한 목적으로 허리띠에 검은 돌을 달구어 넣고 다녔는데 지금까지도 일본의 온천에서는 검은 돌을 깔아두어 자연의 에너지를 받아 건강을 유지한다. 2,000년~1,500년 전 중국에서도 뜨거운 돌을 사용하였고 차가운 돌은 염증에 사용하였다. 스톤은 물속에서 흡수한 온도보다 태양열에 복사하면 깊숙이 침투하는 열을 반는다. 스톤테라피의 현무암 컬러는 회색, 검정색으로 밀도가 높아 피부관리실 관리도구로 사용해 왔다. 몸 전체에 사용 시 스톤의 원적외선을 피부에 침투하여 신진대사와 혈액순환을 촉진하고 스트레스 완화로 성인병 예방에 효과가 있다. 현무암은 45~55%의 이산화규소와 2~6%의 알칼리 산화물, 0.5~20%와 티타늄 산화물, 5~15%, 철 산화물 14% 이상의 알루미늄 산화물로 구성되어 있다.

스톤테라피는 돌의 종류 및 적용 방법에 따라 효과도 다르게 나타난다. 핫 스톤(Hot Stone)의 재료로 쓰이는 현무암은 화산 및 퇴적 작용에 의해 형성된 변성 화성암으로 불에 강하고 암석들 중 열을 유지하는 성질이 가장 뛰어나며 철분을 함유하고 있어 열 흡수력이 높다. 또한 다량의 원적외선과 풍부한 미네랄을 함유하고 있으며 인체가 가지는 적외선 파장인 3~50㎛에 가장 가까운 7~13㎛의 파장을 가지므로 암석 중에서 가장 인체에 빠르게 흡수된다. 따라서 인체에 적용했을 때 근육

상부 조직과 관절에 온열 효과를 일으킨다. 반면 쿨 스톤(Cool Stone)에 사용하는 돌은 대리석으로 콜로라도 마블이 있고, 동굴에서 수집한 것으로 찬 기운을 오래 간직하는 성질을 가지고 있다. 쿨 스톤은 근 손상 발생 시 일어나는 초기 통증을 감소시켜주고 부종 및 삼출 현상을 억제해주는 효과가 있다. 쿨 스톤을 핫 스톤과 비교했을 때 혈액 순환 활동성이 떨어진다. 이는 열에너지의 이동 활동성이 작게 나타나는 것인데 심장에 더 빠른 속도로 혈액을 보내주게 하여 인체의 혈액 순환이 빨라지게 한다는 원리이다. 쿨 스톤을 댄 부위는 새롭게 생성된 많은 양의 혈액을 공급하게 되므로 자연 치유가 활발히 이루어져 염증을 가라앉히게 된다. 이와 같이 스톤테라피는 인체의 체온 상승을 통해 근육을 이완시키는 온열작용과 성장을 촉진하고 면역력을 강화시켜주는 숙성 작용, 독소배출 및 모세혈관을 확장시켜 혈액순환과 세포조직 생성에 도움을 주며 심신의 조화와 안정 등 진정효과가 뛰어나 스트레스 극복에 도움을 준다. 또한 통증 증상을 완화 또는 감소시키는 효능이 있다.

Ch 03

괄사(Gua Sha)테라피

괄사(Gua Sha)는 가장자리가 부드러운 도구를 이용하여 신체표면에 압력을 가하여 일시적인 점상출혈과 반상출혈을 일으키는 것으로 아시아에서 전통적 힐링 테크닉으로 사용되어 왔다. Gua는 중국어로 '긁다'라는 뜻이며 정확하게는 부드러운 테두리의 도구로 윤활유를 바른 피부가 붉어질 때까지 한 방향으로 반복적으로 압력을 가하는 강찰법(stroking)을 뜻한다. Sha는 여러 뜻을 내포하고 있으며 모레, 붉음, 낱알 크기의 발진을 뜻하여 괄사로 인한 조직 내 점상출혈이 정체된 상태를 의미한다. 괄사는 수 세기 동안 아시아에서 사용되어 왔으며 아시아 이민사회에서 침술사와 괄사 테크니션들에 의해 세계에 알려지게 되었다. 주로 부분적 통증이나 손상된 움직임으로 인한 신체 기능적 문제에 적용되며 특히 근골격계 통증에 주로 이용된다. 1976년 미국에서 첫 번째 침술학교(The New England School of Acupuncture)가 보스턴에서 열렸으며 괄사는 커리큘럼의 하나로서 소개되었다. 1995년에는 괄사에 관한 책이 영어로 제작되었으며 중국어로 된 괄사 관련 책자가 영어로 번역된 것은 2000년이었다. 동아시아에서 모든 통증은 정체의 한 형태로 정의된다. 예를 들어 일반적인 근육통은 일상생활의 반복된 활동이나 바르지 못한 자세, 온도 변화에의 노출 등으로 인해 발생한다고 생각된다. 만일 근육통이 주무르거나 움직여서 없어진다면 그것은 기(氣)가 정체된 것이라고 생각했고 그 부위에 괄사를 적용했을 때 sha가 나타난다. 이렇듯 아시아에서 괄사는 일반적으로 급성 또는 만성 통증에 효과적이라고 여겨지고 있다. 독일의 한 연구에서는 괄사가 미세순환에 직접적 변화를 준다는 것을 밝혔다. 이 연구에서 흥미로운 점은 괄사를 적용하지 않은 부위에서도 미세순환의 변화가 있었다는 것이다. 괄사에 사용되는 도구는 중국식 수프용 스푼, 둥근 테두리의 뚜껑, 부드러운 동전, 물소 뿔, 옥 또는 돌 등 여러 가지로 다양하며 인체에 적용할 때 통증을 일으키지 않는 정도로 부드럽고 다듬어진 테두리의 도구가 사용된다. 외상, 골절, 타박상, 화상을 입거나 상처를 입은 부위에는 적용을 금하며 이를 제외한 전신에 적용이 가능하다. 괄사는 단독으로 적용되기도 하고 침술과 같은 다른 치료방법과 함께 적용되기도 하며 집에서 가족적으로 또는 셀프형식으로 사용되기도 한다.

Ch#04

골드온열테라피

골드온열테라피는 열을 주입시켜 온열 파동 요법을 이용하여 체내 분자 운동을 일으켜 열을 발생시키고 이 열로 신체의 경직된 부분을 골드 도구로 마사지하면 콜라겐의 수소결합에 변화가 생겨 수소결합의 수가 감소하면서 몸이 가벼워지고 경직된 몸이 이완되고 통증 완화와 면역력 향상으로 자연 치유력을 높일 수 있다. 원적외선 주입 시 모세혈관 확장, 혈류량 증가, 혈액순환 촉진, 발한 작용, 생체 조직 활성화, 효소 활성화, 신진대사 촉진, 노폐물 제거, 중금속 배설, 혈액순환 촉진으로 산소, 영양을 공급해 주고 몸속 체온을 적정온도로 유지시켜 준다. 골드 도구를 도금한 금(金, gold)은 화학반응이 가장 적은 고체원소로 공기나 물에 부식되지 않고 원래의 상태를 유지하며 원자 번호 79번 원소이고 기호 Au이다. 고대부터 화폐주화로 사용되었고 인류 역사 시작과 함께 가치 기준이 되었다. 금은 높은 열에도 산소와 반응하지 않고 밀도가 제일 높은 원소이다. 구리(Cu)는 원자 번호 29번(동)으로 항균 작용을 하며 인체에 독성이 거의 없으며 표면에 생물들이 붙어 번식하는 것을 막는다. 구리는 열과 전기가 잘 통하는 물질로 인류가 사용한 시기는 약 1만 년 전쯤일 것으로 추정되며 잘 부식되지 않고 열을 잘 통하는 성질을 가지고 있으며 구리 자체는 무르지만 합금을 만들면 단단해진다. 아연은 생명체에 필수 미량원소로 인체에 철 다음으로 많이 있으며 몸속에서 여러 효소의 합성과 분해에 참여하며 인체 성장, 골격 형성, 생식과 면역 기능에 관여한다. 인체는 체온을 통해 건강 진단이 가능하며 열이 나거나 차거나 하는 것은 몸에 이상이 있다는 신호이다. 근막은 단백질 수소결합 수가 많을수록 딱딱해지고 적을수록 부드러워진다. 근막의 움직임이 유연해져 스트레스 완화에 큰 도움이 된다.

IV

수행 전 테라피에 대한 인체기초 지식

PART 01 기초 피부미용학

기초 피부미용학

01 PART

Ch 01

피부학(Dermatology)

피부는 신체의 넓은 부위를 차지하고 있는 중요한 인체의 조직이다. 피부의 총면적은 1.6~1.8㎡이고, 무게는 체중의 20%를 차지하며 두께는 사람, 연령, 신체부위, 성별에 따라 다양하게 나타난다. 피부는 인체를 보호하기 위한 여러 중요한 기능을 가지고 있으며, 외부로 보이는 부위이기 때문에 심미적인 부분에서도 매우 중요하다.

외부에 보여지는 현미경으로 본 피부 형태

피부의 표면은 육안으로 보면 납작하고 편평하게 보이지만 현미경으로 자세하게 관찰하면 여러 갈래 그물망 구조로 복잡하게 얽혀 있고 올록볼록 높낮이가 다른 것을 볼 수 있다. 이때 피부표면이 높은 곳을 피부소릉(hill)이라고 하고 낮은 곳을 피부소구(furrow)라고 한다.

[그림 1-1] 현미경으로 본 피부 형태

수직으로 잘라 현미경으로 본 피부형태

상피조직인 표피와 결체조직인 진피, 피하조직의 3층으로 되어 있다. 피부부속기관으로는 한선, 피지선, 모발, 가슴, 손·발톱 등을 볼 수 있다.

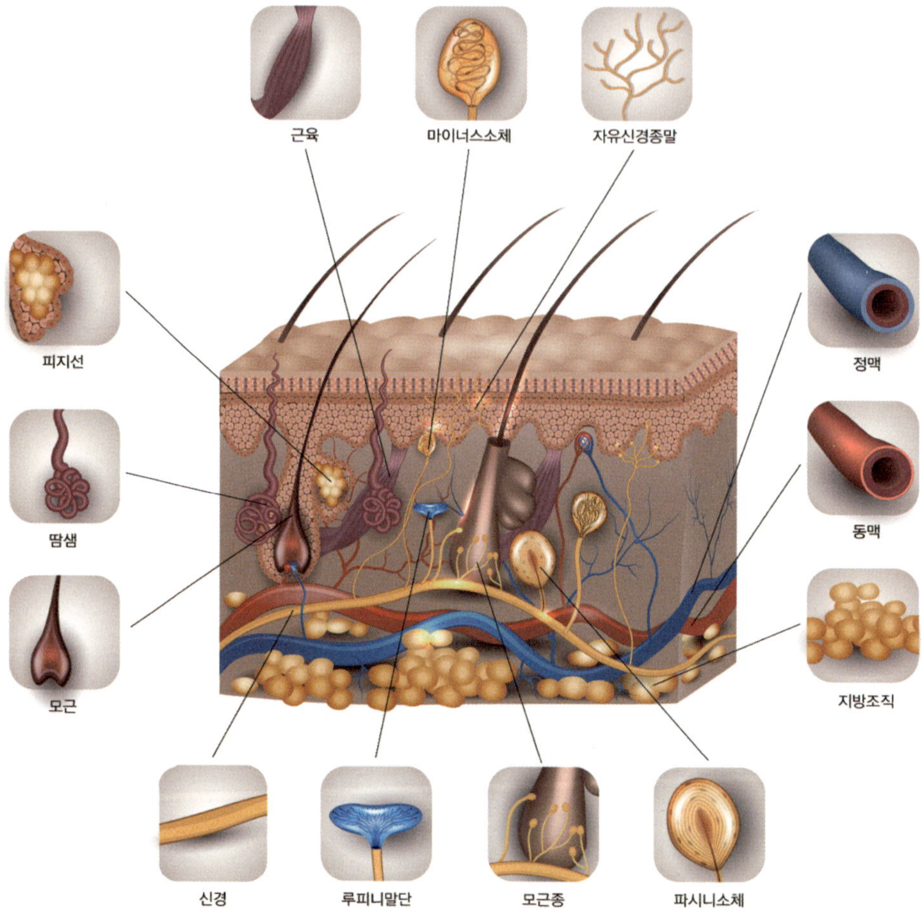

[그림 1-2] 현미경으로 본 피부형태

❶ 표피 (Epidermis)

표피는 중층 편평 각화 상피(Stratified squamous cornifying)로 구성되어 있으며 피부의 제일 바깥층으로부터 무핵층과 유핵층으로 구분된다. 안쪽은 살아있는 유핵층, 바깥쪽은 무핵층으로 죽은 세포들로 이루어져 있다. 95%가 각질형성세포(Keratinocyte)로 이루어져 있으며 그 외에 멜라닌세포(Melanocyte), 랑게르한스세포(Langerhans cell), 머켈세포(Merkel cell) 등이 존재한다.

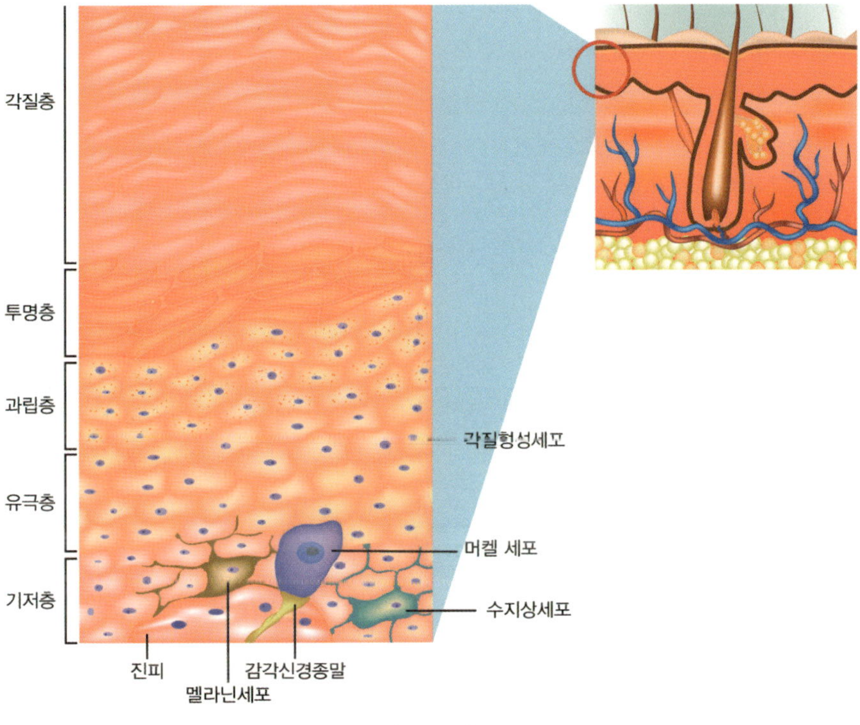

[그림 1-3] 표피

1) 표피의 구조

(1) 각질층(stratum corneum)

피부의 가장 바깥층으로 기저층에서 생성된 세포가 각화 작용에 의해 죽은 세포로 되지만 세포막이 존재하므로 물리적 자극이나 장애, 유해물질에 대해서 저항력을 가지고 있어 내부의 침입을 방어하고 세균의 침투를 막아준다. 죽은 세포들이 케라틴화된 층으로, 매일 떨어져 나가는 15~20개의 세포들이 빽빽하게 겹쳐서 이루어져 있다. 외부의 자극으로부터 피부를 보호해주며 피부 산성막의 영향으로 세균의 침투를 막아준다. 각질층의 구성성분은 케라틴(Keratin) 58%, 세포간지질(Lipid) 11%, 천연보습인자(Natural moisturizing fator) 31%로 구성되어 있다. 천연보습인자(Natural moisturizing fator)가 각질층의 수분량을 결정하며 적당한 수분함량은 10~20%이며 pH 5.5~6.5의 약산성 피지막으로 덮혀 보호막 역할을 한다.

(2) 투명층(stratum lucidum)

생명력이 없는 2~3층의 투명한 세포층으로, 주로 손바닥과 발바닥에 존재하는 세포층이다. 직접적인 외부로부터의 손상을 방어한다. 반유동성의 엘라이딘(Eleidin)이라는 물질을 함유하고 있어 투명하게 보이며 빛을 굴절시켜 차단하는 특성이 있다.

(3) 과립층(stratum granulosum, granular layer)

방추형의 세포층으로 3~5층으로 구성되어 있는 각질층의 중간층이다. 뚜렷한 작은 낱알과 같은 세포로 구성되어 있으며 방어막이 있다. 표피세포가 각질화되는 과정의 1단계에 해당된다. 과립세포 안의 세포핵과 세포소기관이 사라지고 케라토하이알린(keratohyaline)과립과 층판소체(lamellated corpuscles)가 나타난다.

케라토하이알린(keratohyaline)과립은 각질층의 각질세포를 채워주는 각질(keratin)을 형성하는 전구체이며 층판소체(lamellated corpuscles)는 각질층의 세포간지질을 형성하는 전구체물질이다.

(4) 유극층(stratum spinosum)

표피의 가장 많은 부분을 차지하는 층으로 5~10층으로 이루어져 있으며 세포는 서로 가시모양의 돌기로 연락하고 있는 것처럼 보이기 때문에 유극세포라고 한다. 살아있는 세포로 구성되어 있으며 세포와 세포 사이 림프액이 흐르고 표피의 영양을 공급하고 있는 살아 있는 세포이며 랑게르한스 세포가 머물고 있다.

(5) 기저층(stratum basal)

각질층의 가장 아래 있으며 진피와 닿아 있다. 진피에 있는 모세혈관을 통해서 영양을 보충하며, 세포분열을 일으켜 표피 세포를 신생하고 증식한다. 혈액에 의한 영양공급으로 세포의 유사 분열이 활발하게 이루어지고 기저층에서 각질층까지 세포의 상승 주기는 28~30일이다. 피부의 색소인 멜라닌을 만드는 멜라닌 세포(melanocyte)가 존재한다. 기저 세포와 멜라닌 세포의 비율은 4:1~10:1로 존재한다.

(6) 진피와 표피의 경계부

표피와 진피의 경계는 기저막(basement mebrane zone)으로 이루어져 있다. 기저막은 표피세포를 지지대 역할을 하고 표피의 형성을 조절하는 기능을 한다. 표피와 진피 사이에서 액상의 물질은 투과시키고 염증 세포나 종양 세포들이 왕래하는 것을 제어하는 방어막 역할을 한다.

2) 표피층의 구성세포와 역할

(1) 각질형성세포(Keratinocyte)

표피를 구성하는 가장 중요한 세포이며 표피 세포의 80~95%를 차지한다. 케라틴 단백질을 생성하는 역할을 하므로 각질형성세포라고 한다. 표피의 가장 아래층인 기저세포가 세포분열을 통해 새로운 세포가 생성되고 피부표면 위층으로 이동하게 되면서 분해과정을 통해 표피의 가장 위쪽으로 밀려 올라와 각질세포가 되어 떨어진다. 이 과정을 각화(keratinization)과정이라고 한다.

(2) 멜라닌세포(Melanocyte)

멜라닌세포는 표피의 기저층에 존재하며 5~10%를 차지하고 체내에서 검은색 색소인 멜라닌(melanin)을 생성하는 세포이다. 멜라닌 세포는 멜라닌을 생성하고 특수한 세포소기관인 멜라닌소체(melanosome) 형태로 포장한 뒤 가까이 위치한 각질세포(keratinocyte)로 전달한다. 멜라닌(melanin)의 기능은 자외선으로부터 피부를 보호하는 것이다.

(3) 랑게르한스세포(Langerhans cell)

표피세포의 2~8%를 차지하는 세포이며 별 모양의 세포질돌기를 가진 수지상 세포로 유극층에 존재한다. 주로 피부의 면역에 관여하며 외부로부터 들어온 이물질인 항원을 면역담당세포인 림프구로 전달해주는 역할을 한다. 순환계와 관련 있는 세포로 피부의 면역에 관여하며 알레르기 반응, 접촉성 피부염, 바이러스 감염 감지, 면역내성 등 중요한 역할을 한다.

(4) 머켈세포(Merkel cell)

기저층에 주로 위치하고 있으며 피부에서 촉각을 감지하는 역할을 한다. 신경세포와 연결되어 있고 촉각을 감지하여 신경자극을 뇌에 전달하므로 촉각세포라고 한다. 손바닥, 발바닥, 입술 등에 주로 발견된다.

❷ 진피(Dermis)

피부는 조직학적으로 표피층과 진피층으로 분류되고 진피층은 유두층과 망상층으로 나누어진다. 유두층은 피부의 표면에서 모근 하부까지의 층으로 진피는 부위에 따라 그 두께와 치밀함이 다르다. 피부의 90%를 차지하며 두께는 0.5~4mm 정도이고 표피의 10~40배 되는 두꺼운 층이다. 진피의 결체조직은 교원섬유(collagen fiber), 탄력섬유(elastic fiber), 섬유아세포(fibroblast), 비만세포(mast cell) 등이 존재하는 세포이며 림프구, 형질세포, 그밖에 다른 혈액에서 기원한 백혈구는 다양한 자극에 의해 진피로 들어오게 된다. 피부의 혈관은 영양공급 이외에 체온 및 혈압조절, 상처치유, 수많은 면역학적 기능에 관여한다. 피부에는 지각신경(somatic sensory nerve)과 자율교감신경(autonomic sympathetic nerve)이 분포되어 있다. 지각신경은 통증, 간지러움, 온도감각, 촉각, 압각, 진동감각 등을 매개하며 자율교감신경은 피부의 혈관운동, 털 운동, 땀 분비를 조절한다. 교원질(collagen)은 진피의 주성분이며 피부의 건조 중량의 75%를 차지하며 피부에 장력(tensile strength)을 제공한다. 탄력섬유는 진피의 건조 중량의 4%를 차지하며 주된 기능은 가해진 힘에 의해 변형된 피부가 원래의 모습으로 돌아오도록 피부에 탄력성을 제공한다. 진피에는 몇 가지 섬유 성분과 형태가 일정하지 않은 성분이 기질로서 존재한다.

1) 진피의 구조

(1) 유두층(papillary layer)

진피의 20%를 차지하는 유두층은 진피층 위쪽 기저막과 접합되어 물결모양을 하고 있다. 모세혈관, 신경종말, 림프관이 풍부하게 분포되어 있으며 혈관이 없는 표피로 영양분과 산소를 운반해주고 림프관으로 표피의 노폐물을 배출시켜준다. 신경종말은 감각소체를 형성하여 촉각과 통각의 감각기능을 전달한다.

(2) 망상층(reticular layer)

망상층은 유두층의 아래에 위치하며 결합조직으로 교원섬유(collagen fiber)와 탄력섬유(elastic fiber)로 이루어지고 있다. 주성분은 콜라겐, 엘라스틴 등의 단백질이고 피부에 긴장과 탄력을 유지시켜주고 진피층의 80%를 차지한다. 임산부와 비만인이 체중이 늘어나는 경우에 피부가 처지지 않는 이유는 망상층에 함유되어 있는 섬유질 때문이다. 이 밖에도 혈관, 림프관, 신경총, 피지선, 한선, 신경 등이 복잡하고 불규칙하게 분포되어 있다.

2) 진피층의 구성물질과 세포

(1) 교원섬유(collagen fiber)

진피의 90%를 차지하며 교원질(collagen)로 구성되어 있고, 교원질은 섬유아세포(fibroblast)에서 생산되고 재생된다. 교원섬유는 진피 외에 뼈, 치아, 혈관 등 인체에 많은 비중으로 함유되어 있다. 섬유아세포(fibroblast)는 섬유성 결합조직의 중요한 성분을 이루는 세포인 조직절편으로 관찰하면 편평하고 길쭉한 외형을 가지며 불규칙한 돌기를 보인다. 교원섬유(collagen fiber)는 현미경 관찰 시 백색으로 나타나 백섬유(white fiber)라고 불리기도 하며 물에 끓이면 아교처럼 끈끈해져 젤라틴화된다. 교원질(collagen)은 피부노화현상과 자외선의 영향으로 양이 감소되면 형태가 변하게 된다. 교원질(collagen)의 변화는 탄력감소와 주름형성의 원인이 되기 때문에 최근 교원질(collagen)을 주사화하여 피부의 주름을 펴주거나 탄력있게 만드는 데 활용하기도 한다.

(2) 탄력섬유(elastic fiber)

비교적 진피에 있는 섬유성분 가운데 적은 부분을 차지한다. 짧고 가늘고 탄력이 있는 탄력소(elastin)로 구성되어 있어 탄력섬유라고 한다. 현미경 관찰 시 황색으로 나타나며 물에 가열해도 젤라틴화되지 않으며 화학물질 반응도 저항력이 강하게 나타난다. 피부 노화가 진행되면 탄력소(elastin)가 파괴되어 탄력섬유 기능저하로 주름이 발생된다.

(3) 기질(ground substance)

진피의 결합섬유 사이를 채우고 있는 물질이며 주위의 다른 조직을 지지하면서 결체조직 대사와 염분, 수분의 균형에 관여한다. 주성분은 점다당질(무코다당류)이다. 점다당질은 히알루론산(hyaluronic acid), 콘드로이친 황산(chondroitin sulfate), 헤파린 황산염(heparin sulfate) 등의 글리코사미노글리칸(glycosaminoglycans)으로 이루어져 있다. 대부분 황산기를 가지고 있으며 자기 몸무게 만큼의 수분을 흡수할 수 있는 능력을 가지고 있다.

(4) 대식세포(macrophage)

혈액과 림프액 또는 다른 조직에 존재하는 거대한 단핵성 식세포를 말한다. 단핵구에서 유래하며 병원체를 식균 작용에 의해 제거한다. B세포와 T세포를 활성화하기도 한다. 혈액, 림프, 결합 조직에 있는 백혈구의 하나이며, 둥글고 큰 한 개의 핵을 지닌 세포로 침입한 병원균이나 손상된 세포를 포식하여 면역 기능 유지에 중요한 역할을 한다.

(5) 비만세포(mast cell)

비만세포(mast cell)는 히스타민과 헤파린 등을 함유한 과립을 갖고 있는 백혈구의 일종이다. 피부와 다양한 기관의 결합 조직뿐 아니라 호흡기, 비뇨생식기, 소화관의 점막 상피조직 등을 포함하는 다양한 조직에서 발견된다. 비만세포는 알레르기, 과민증을 매개하는 세포로 모세혈관 주변에 주로 분포한다. 상처치유, 혈관형성, 면역관용, 병원체로부터의 방어반응에도 중요한 역할을 한다.

3 피하조직(subcutaneous tissue)

피하조직의 지방세포는 중배엽에서 탄생하여 포도송이 모양의 둥근 황색으로 피하조직에 산재해 있다. 지방이 많이 축적되어 조직액이 두꺼워지면 진피, 표피가 위로 밀려오면서 피부표면이 오렌지 껍질처럼 울퉁불퉁하게 된다. 이때 지방세포주위 결합조직인 림프관과 혈관이 압박되면서 순환장애가 일어나고 교원섬유의 탄력성이 저하되는 현상이 일어나며 이러한 피부의 현상을 셀룰라이트(cellulite)라고 한다.

(1) 지방(fat)

피하지방층은 피부계통의 가장 아래에 있는 층으로 진피와 근육, 뼈 사이에 위치해 있고 느슨한 결합조직으로, 벌집 형태로 그 사이사이에 지방세포들이 존재한다. 중성지방의 형태로 대부분을 차지하며 백색지방세포(white adipocyte)와 갈색지방세포(brown adipocyte)로 구분된다. 그 중 일부는 세포질 내에 지방을 축적하여 지방세포가 되며, 이것이 모여서 피하지방을 형성한다. 지방세포들은 지방을 생산하여 체온 손실을 막는 체온 보호기능, 외부로부터의 몸을 보호하는 물리적 보호기능, 인체에서 소모되고 남은 영양과 에너지를 저장하는 저장기능을 가지고 있다.

(2) 셀룰라이트(cellulite)

셀룰라이트는 사춘기가 지난 여성의 허벅지, 엉덩이, 복부에 발생하는 오렌지 껍질 모양의 울퉁불퉁한 피부변화라고 할 수 있다. 증상이 가벼울 때는 피부를 누르거나 꼬집어야 울퉁불퉁한 모양이 나타나지만, 심해지면 압력을 가하지 않고 그냥 눈으로 볼 때도 증상이 나타난다. 셀룰라이트는 국소적인 대사이상으로 지방의 일부가 섬유성 진피 결합조직 사이로 튀어나와 결절을 이루어 두드러져 보이는 현상이다. 셀룰라이트는 비만과 다르다. 비만은 단순히 지방세포의 증식이나 지방의 축척에 의해 발생하며 남녀 관계없이 신체의 어느 부위에나 발생하는 것에 반해, 셀룰라이트는 진피와 지방층, 미세혈액순환계에 걸쳐 구조적인 변화가 동반되며 대부분 여성의 하복부, 허벅지, 엉덩이 등에 국한되어 발생한다. 또한 비만과 셀룰라이트는 각각 구성하는 지방질 성분이 다른 것으로 알려져 있다. 미세혈액순환이나 림프순환의 장애로 인해 과도한 체액과 지방이 피하지방 부위에 침투하여 지방과 결합조직의 변성을 초래하고, 이로 인해 셀룰라이트가 발생할 수 있다. 탄수화물이 많이 포함된 음식을 자주 섭취하면 인슐린 분비량이 늘어나게 되고, 이로 인해 지방생성이 증가하여 셀룰라이트가 잘 생길 수 있다. 또 오랫동안 서 있거나 앉아 있는 자세도 혈액 순환에 장애를 가져와서 셀룰라이트를 악화시킬 수 있다.

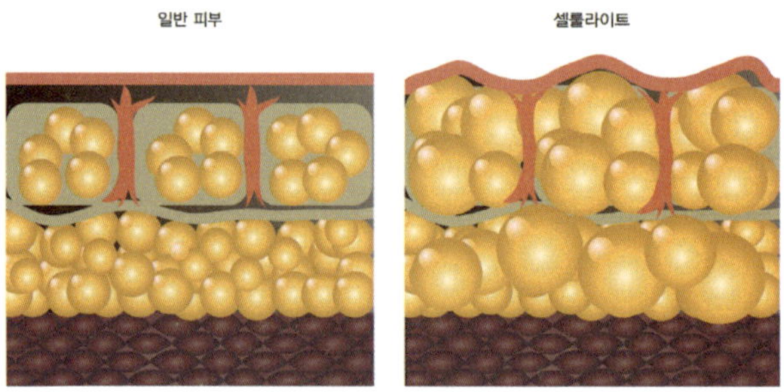

[그림 1-4] 일반 피부와 셀룰라이트의 모습

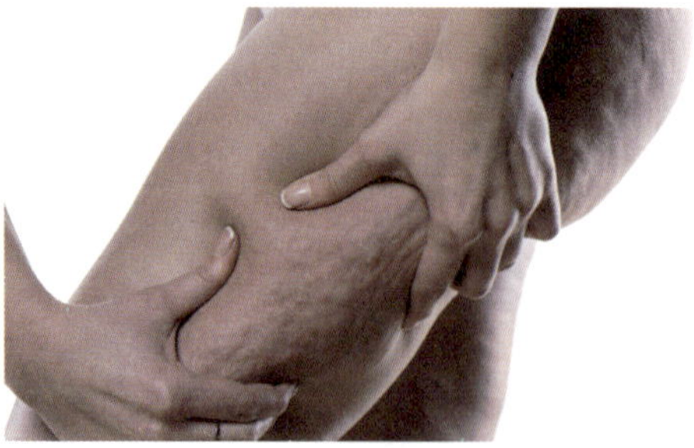

[그림 1-5] 셀룰라이트

(3) 부종(edema)

부종은 혈관 밖에 체액 또는 수분이 비정상적으로 축적되어 붓게 되는 현상을 말한다. 몸을 이루고 있는 세포들 사이의 간질조직(interstitium)에 체액이 늘어나면서 부종이 발생한다. 우리 몸에 흐르는 혈액이 동맥을 지나 모세혈관에 오게 되면 이곳에서 혈관 주위의 간질과 수분의 이동이 이루어진다. 체액의 혈관–간질 간 이동 및 분포는 삼투압, 정수압 및 혈관의 투과성에 의해 결정이 되며 혈관 내의 압력이 주변보다 높게 된다면 액체가 혈관 밖으로 나가게 된다. 삼투압은 액체를 빨아들이는 힘으로 간질의 삼투압이 혈액 내의 삼투압보다 높으면 액체는 역시 간질로 나가게 된다. 이외에도 혈관투과성이 증가하거나 림프관폐쇄의 경우도 부종이 생길 수 있다.

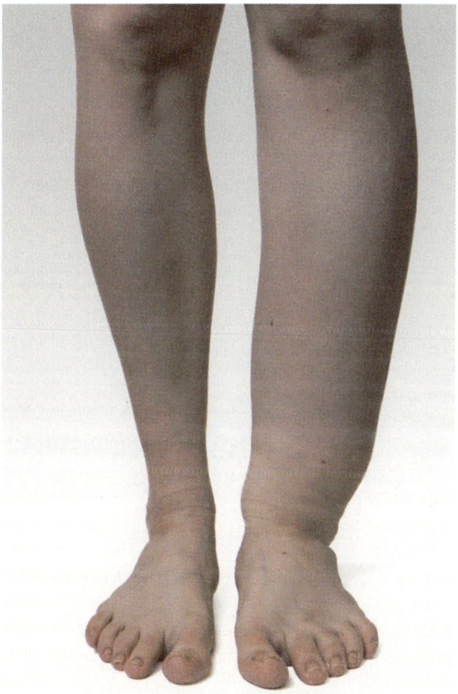

[그림 1-6] 부종

❹ 피부의 기능

- 보호작용
- 체온조절작용
- 호흡작용
- 감각 · 지각 작용
- 분비 · 배설작용
- 흡수작용
- 비타민 D 작용

❺ 피부의 부속기관

(1) 한선(sweat gland, sudoriferous gland)

땀을 분비하는 외분비선을 땀샘이라고 한다. 모근에 개구하여 냄새가 있는 점성의 땀을 분비하는 대한선(아포크린선)과 피부에 직접 개구하여 냄새가 없는 땀을 분비하는 소한선(에크린선)의 두 종류가 있다. 한선은 진피의 망상층에 실타래처럼 엉켜 있고 200만 개가 존재한다. 하루 평균 약 0.6~1.2L 분비되며 체온조절과 피부의 피지막과 산성막 형성에 관여한다.

(2) 피지선(sebaceous gland, 피지막)

손, 발바닥을 제외한 모든 전신의 피부에 분포되어 있고 신체 부위에 따라 크기, 형태, 분포도 면에서 차이가 난다. 얼굴과 두부는 팔, 다리보다 피지선의 크기가 크고 그 수도 8배 정도 많이 존재하며 머리, 얼굴, 가슴, 등, 겨드랑이, 음낭 부위에 많이 분포되어 있다. 피지의 작용은 각질층과 모발의 표면에 피지막을 만들어 수분이 증발하는 것을 방지하여 피부와 모발에 습기를 유지함과 동시에 윤택을 준다. 피지 중에는 지방산이 함유되어 있으며 지방산에는 어느 정도 화농균과 백선균을 살균하는 작용이 있다. 피지가 피부 표면에 분비되면 땀과 혼합하여 천연 크림과 같은 피지막을 형성하는데 이 상태는 피지와 땀이 서로 혼합하여 유화 상태를 만들고 있는 것이다. 이것은 피지 중에 유화작용을 이행하는 물질을 함유하고 있기 때문이다. 경피 흡수를 어느 정도 저지하면서 흡수 조절 작용을 한다.

Ch#02

해부생리학(Anatomy-Physiology)

뱀부(대나무)테라피 실전에 들어가기 전 인체의 골격과 근육에 대한 구조와 기능을 알고 인체에 미치는 영향을 이해하고 설명할 수 있다.

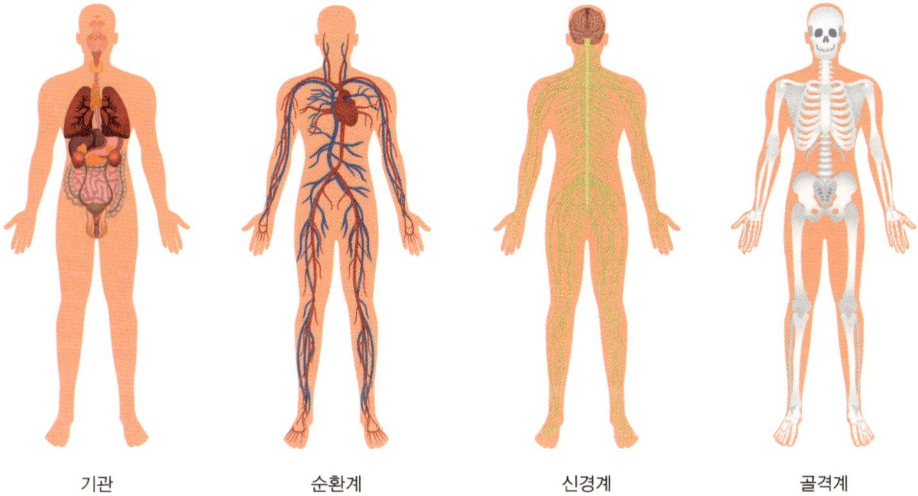

[그림 2-1] 인체의 구성형태

1 골격의 구조

1) 뼈(Bones)

인체의 골격은 성인의 경우 206개의 뼈가 구성되어 있어 신체의 중심역할을 하고 있으며 체중의 약 15%를 차지하고 있다. 뼈는 우리 몸에서 가장 단단한 조직으로 무기염류인 칼슘(Ca), 인(P), 마그네슘(Mg), 칼륨(K), 불소(F), 나트륨(Na), 철분(Fe) 등이다. 연결하는 연골(Cartilage), 관절(Joints articulation), 인대(Ligament), 건(힘줄), 조혈조직으로 구성되어 있다. 뼈 바탕질은 교원섬유를 포함하는 유기질 성분이 전체의 35%를 차지하고 칼슘 등의 무기질 성분은 45%, 수분 20%로 구성된다. 뼈는 칼슘이나 인산염, 다른 이온들의 저장고로서의 역할을 하고 이온의 양을 조절하고 유지하는 데 관여한다.

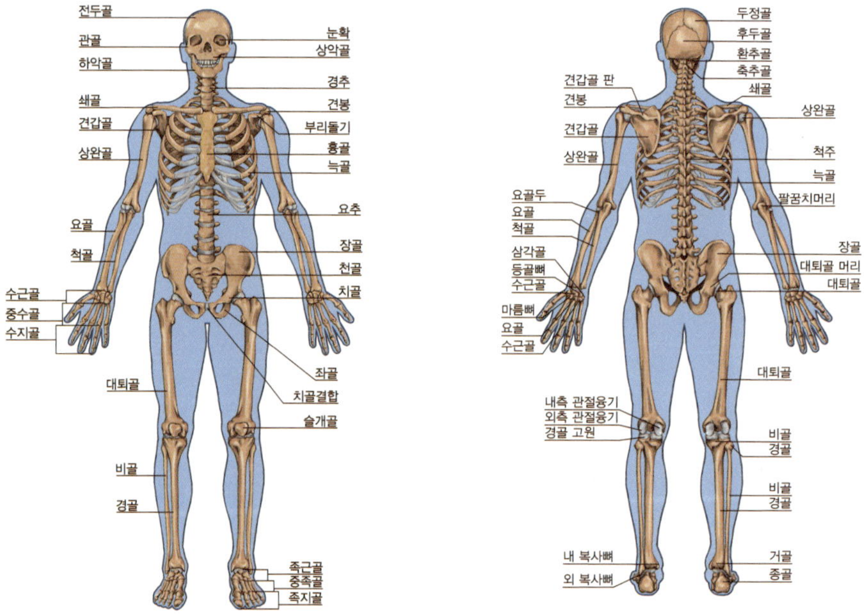

앞면 뒷면

[그림 2-2] 인체의 골격

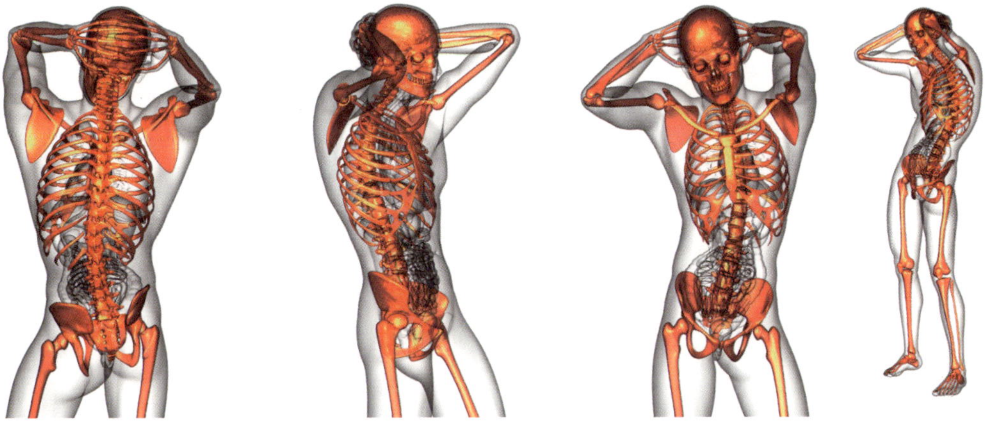

[그림 2-3] 골격 움직임

2) 관절(Joint articulation)

(1) 관절의 구조

두 개 이상의 뼈가 연결되는 부분으로 뼈마디라고도 한다. 손가락을 만져보면 여러 개의 마디로 되어 있는 것을 알 수 있는데, 손가락이 하나의 뼈가 아니라 여러 개의 뼈로 되어 있기 때문에 손가락을 움직여 작은 물건도 잡을 수 있는 것이다. 관절 부위에는 물렁물렁한 물렁뼈(연골)가 있어서 뼈끼리 마찰되지 않도록 보호해 주며, 뼈와 뼈를 연결해 주는 조직인 인대가 있다. 관절의 움직임이 거의 없거나 아주 작은 움직임만을 허용하는 부동관절, 인대결합 또는 섬유연골이나 유리연골에 의해 형성된 뼈들 사이에 연결로 어느 정도의 적은 움직임을 허용하는 반가동관절, 관절공간 내 윤활액으로 차있어 움직임이 자유로운 가동관절의 형태로 분류한다. 손가락, 발목 등의 관절은 자유롭게 움직일 수 있지만, 머리뼈는 움직일 수 없는 관절로 되어 있다.

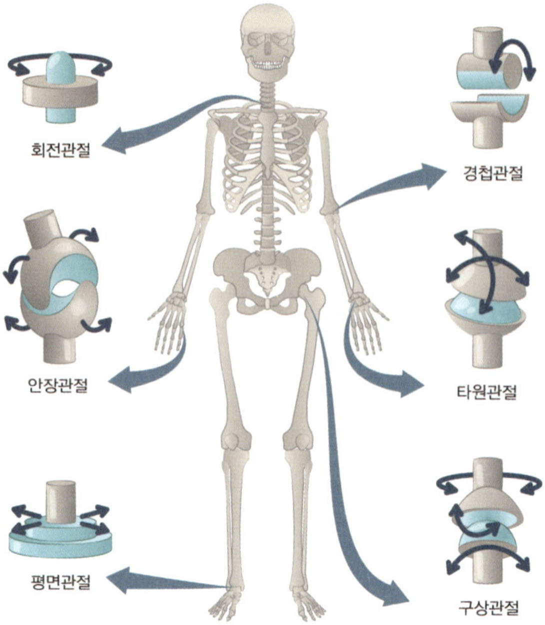

[그림 2-4] 관절의 유형

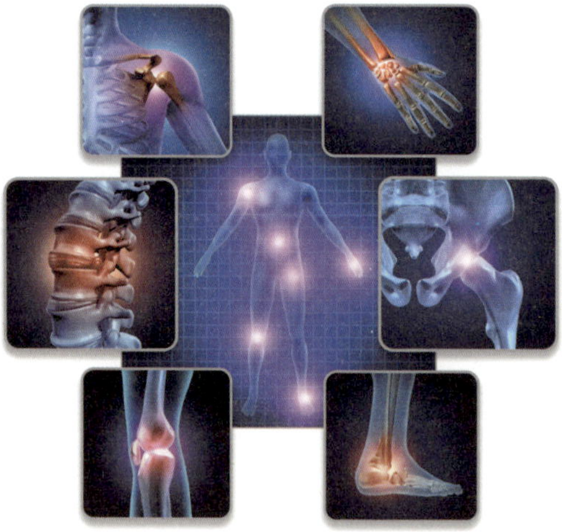
[그림 2-5] 부위별 관절

(2) 관절의 종류

관절을 이루는 뼈 사이에 있는 연결재료에 따라 섬유관절(fibrous joints), 연골관절(cartilage joints), 윤활관절(synovial joints) 등 세 가지로 분류된다.

① 섬유관절(fibrous joints)

성인의 머리뼈의 두개봉합과 같은 섬유조직으로 결합하여 있거나 두 뼈가 판 모양의 섬유조직으로 연결된 인대결합, 먼쪽 정강종아리 관절의 인대결합, 치아의 못박이 관절 등이 있으며 부동관절이다.

② 연골관절(cartilage joints)

뼈끝판(골단판)과 같은 섬유연골결합과 유리연골결합으로 척추뼈사이(추간판) 관절, 두덩뼈 결합, 가슴우리의 갈비연골 이음부 등이 있으며 반관절이다.

③ 윤활관절(synovial joints)

가장 일반적인 관절이며 중심부에 윤활액으로 찬 관절 주머니를 가지고 있다. 어깨관절, 엉덩관절 등이 있으며 가동관절이다.

④ 관절낭(joint capsule)

관절을 둘러 싸고 있는 피막으로 섬유막과 윤활막으로 구성되어 있다. 섬유막은 강인한 결합조직으로 되어 있고 윤활막은 그것을 지지하는 윤활액을 분비한다.

⑤ 활액(synovial fluid)

관절액이라고도 하며 관절강 안에 있는 담황색을 나타내는 점조한 액체이다. 관절은 결합조직 내에 생긴 거대한 공극인데 활액은 여기에 저류한 특수한 간질기질로 볼 때, 통상인 간질기질처럼 조직액과 프로테오글리칸으로 구성한다. 관절강을 배접으로 하고 있는 활막은 세포아섬유의 일종인 활막세포(B세포)로 구성하며, 이 세포는 프로테오글리칸을 생산한다.

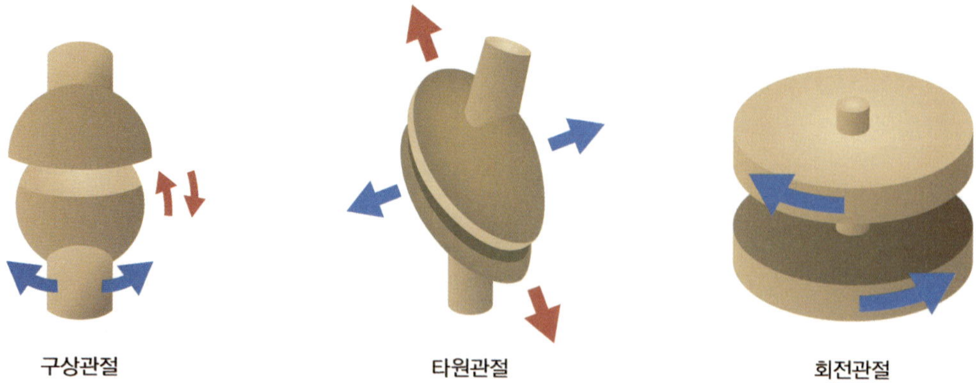

[그림 2-6] 관절의 종류

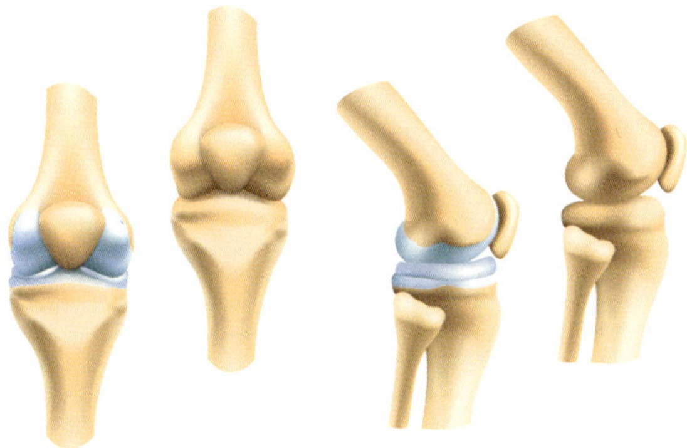

[그림2-7] 무릎 관절의 전면과 측면

3) 인대(Ligament)

뼈와 뼈 사이를 연결하는 강한 섬유성 결합 조직으로, 대부분 제1형 교원질 섬유로 이루어진 세포 기질과 소수의 섬유모세포로 이루어져 있다. 인대에 있는 교원질 섬유는 인대의 종축과 평행하게 배열되어 장력에 강하다.

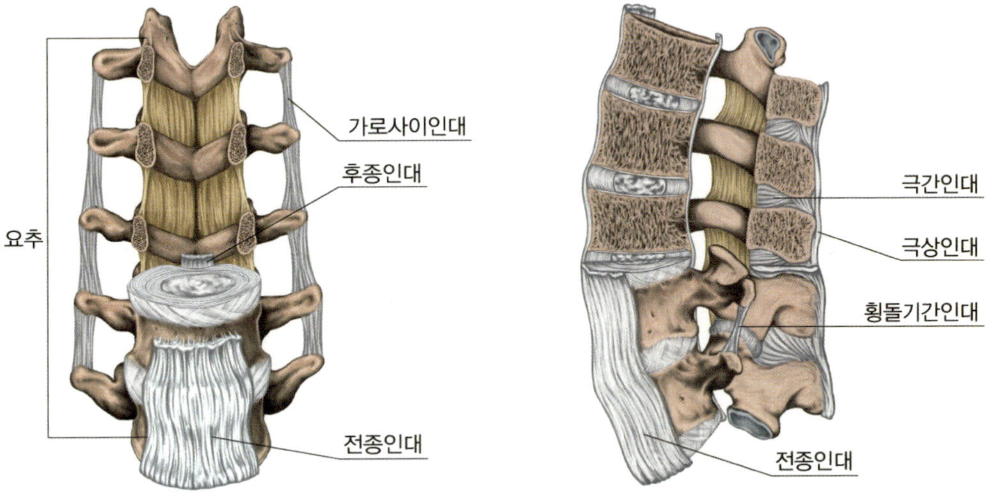

[그림 2-8] 인대

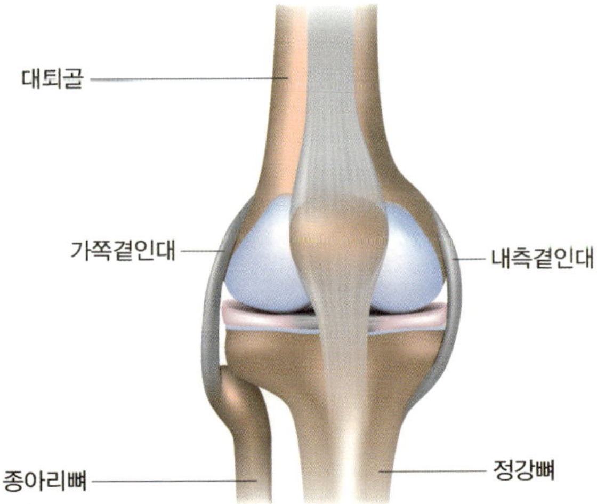

[그림2-9] 오른쪽 무릎의 앞면

(1) 건(Tendon)

건은 근육과 뼈를 연결하고 인대는 뼈와 뼈를 연결하는 강한 섬유성 결체 조직으로 힘줄이라고도 한다. 근육을 뼈에 부착시키는 중개역을 하고 있는 결합조직인 섬유속으로, 그 굵기 · 길이 · 형태는 근육의 종류에 따라 다르다. 신경이 많이 분포되어 있어 여기에 순간적인 강한 자극을 가하면 근육이 일시적으로 수축하는 건반사를 일으킨다. 대체로 지체가 가늘고 긴 근육건은 길고, 판상 근육건은 막과 같이 얇고 넓어서 건막이라고 한다. 건섬유와 근섬유는 직접 연결되어 있는 것이 아니라 근섬유를 싸고 있는 근내막이 근섬유의 말단에서 건섬유로 이행하고 있다.

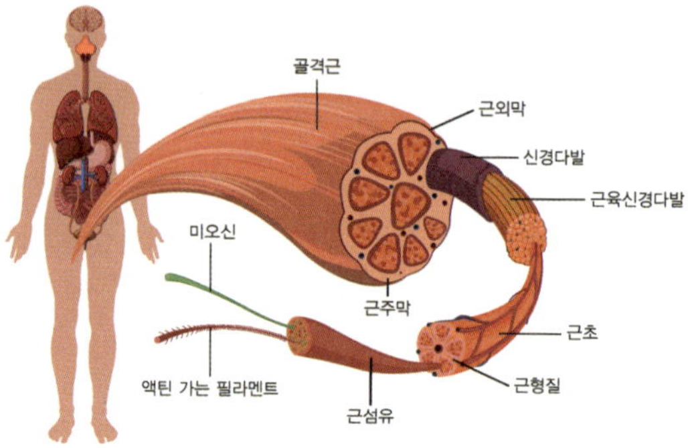

[그림2-10] 인체 근육구조

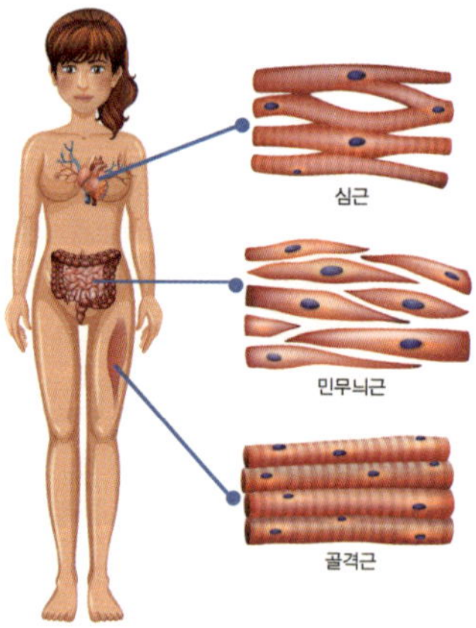

[그림 2-11] 유형

(2) 연골(cartilage)

연골세포와 연골기질로 구성된 조직으로 대개 관절의 일부를 이루고 있으며 기질의 구성성분에 따라 초자연골(硝子軟骨), 탄성연골, 섬유연골로 나누어진다. 연골은 탄력성이 높아 주어진 힘에 대해 완충작용을 하고 관절연골의 마찰의 정도는 매우 낮아 마찰이 거의 없는 상태에서 관절이 움직일 수 있도록 도와준다. 연골의 작용에는 관절의 골단을 덮는 관절연골에서 볼 수 있는 것처럼 골단의 마찰을 방지하는 것 외에 기관(氣管)·귓바퀴와 같이 탄력을 유지하거나, 늑연골·치골결합 연골과 같이 압력에 대한 저항력을 주는 것 등을 들 수 있다.

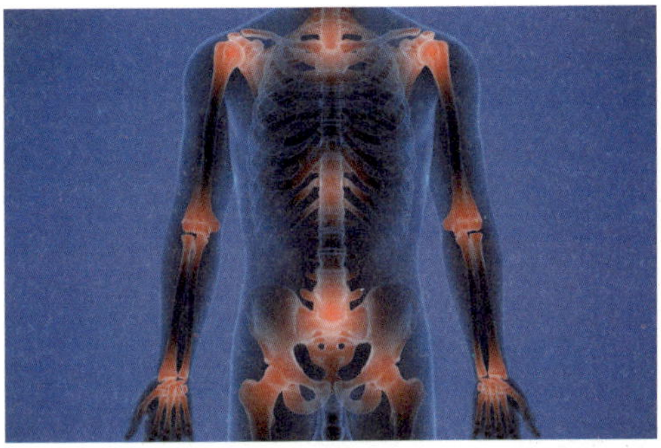

[ㅗ림2-12] 연골

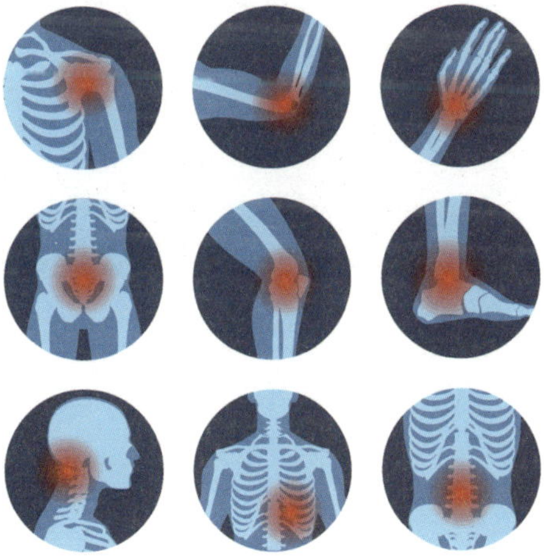

[그림 2-13] 부위별 연골의 위치

4) 뼈의 기능

- 몸의 구조 지지작용
- 장기 보호작용
- 영양소(무기질, 칼슘, 인) 저장작용
- 지렛대 작용 몸과 팔의 힘 전달
- 조혈작용
- 산과 염기의 조절
- 독성제거

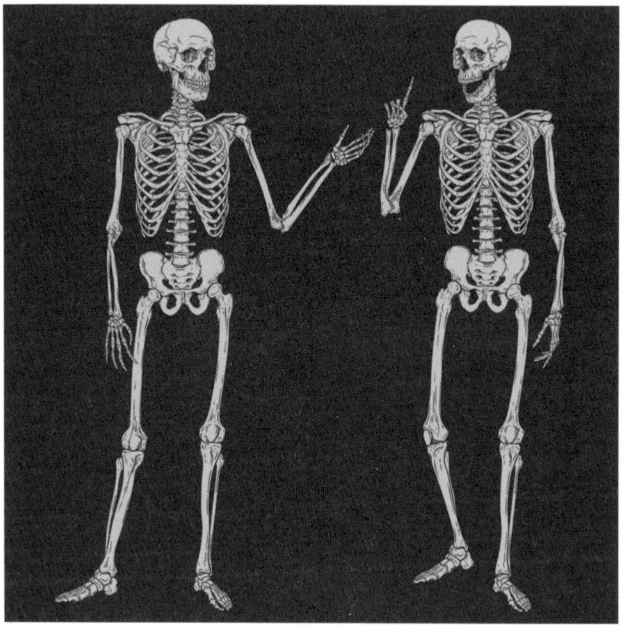

[그림 2-14] 뼈의 기능

5) 인체의 골격

인체의 골격을 이루는 뼈는 몸통을 이루는 뼈대와 팔·다리를 이루는 뼈대로 나눌 수 있다. 몸통을 이루는 뼈대는 신체 가운데 부분으로 머리, 척추, 가슴우리 부분으로 구성되고 팔·다리를 이루는 뼈대는 팔이음뼈, 팔뼈, 다리이음뼈, 다리뼈로 구성된다. 사람의 몸을 이루는 뼈의 수는 개인차가 있을 수 있지만 일반적으로 성인은 206개(80+126=206개), 갓 태어났을 때는 270개이다. 뼈의 개수에는 남녀 차이가 없다.

(1) 머리뼈대(Skull column)

뇌머리뼈, 얼굴뼈, 혀의 뼈, 귓속뼈로 나누어진다. 머리뼈를 구성하고 있는 것은 22개이고 한 개는 혀 밑에 있는 목뿔뼈이며 나머지 여섯 개는 귓속에 있다.

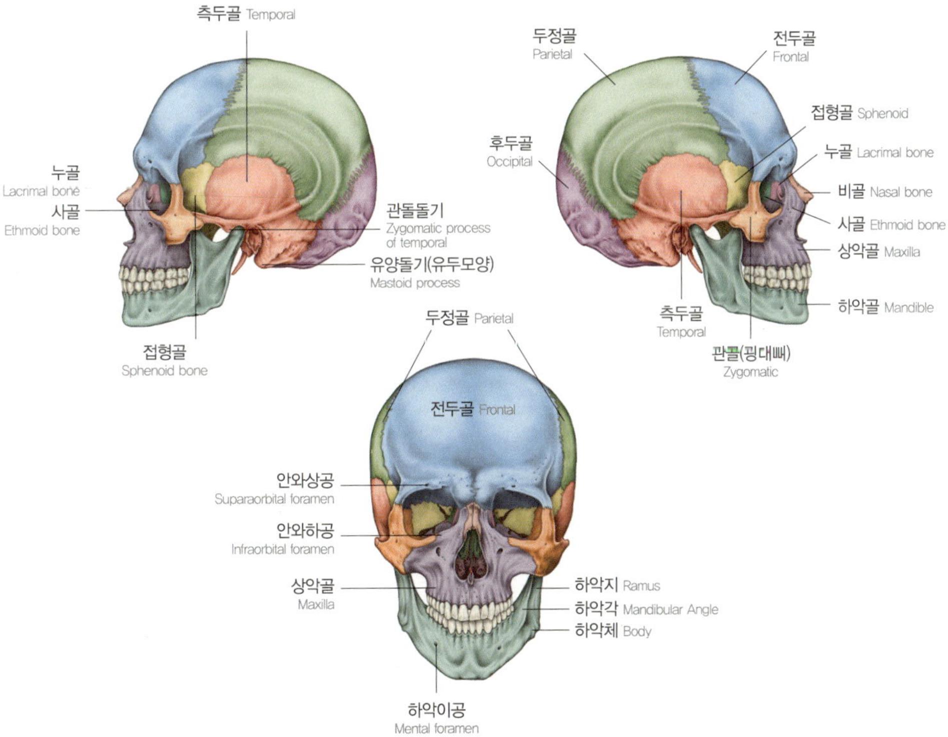

[그림 2-15] 머리뼈대

(2) 척추뼈대(Vertebral column)

목뼈 7개, 등뼈 12개, 허리뼈 5개, 엉치뼈(융합) 5개, 꼬리뼈(융합) 4개로 나뉘고 참척추뼈 24개, 거짓척추뼈 2개로 구성되어 있다.

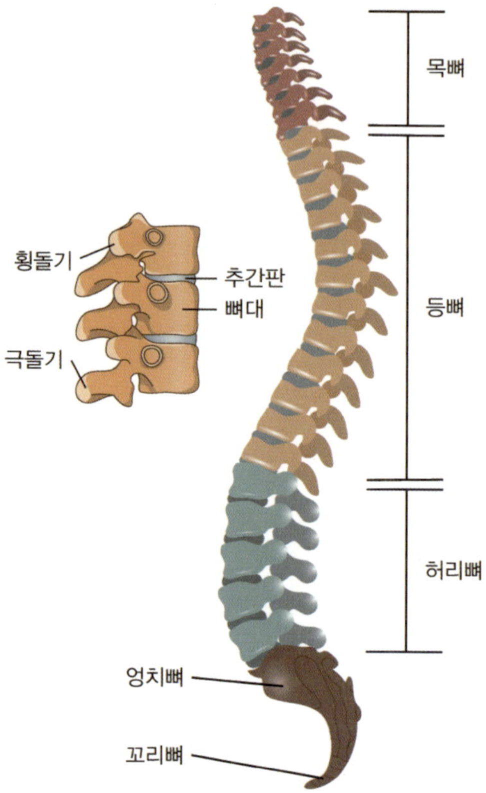

[그림 2-16] 척추뼈대

(3) 가슴우리뼈대(thoracic skeleton)

복장뼈(가슴뼈, 흉골, sternum) 1개, 갈비뼈(늑골, ribs) 12쌍으로 나누어진다. 갈비뼈는 참갈비뼈(true ribs, 1~7번 갈비뼈) 14개, 거짓갈비뼈(false ribs, 8~10번 갈비뼈) 6개, 뜬갈비뼈(floating ribs, 11~12번 갈비뼈) 4개로 구성되어 있다.

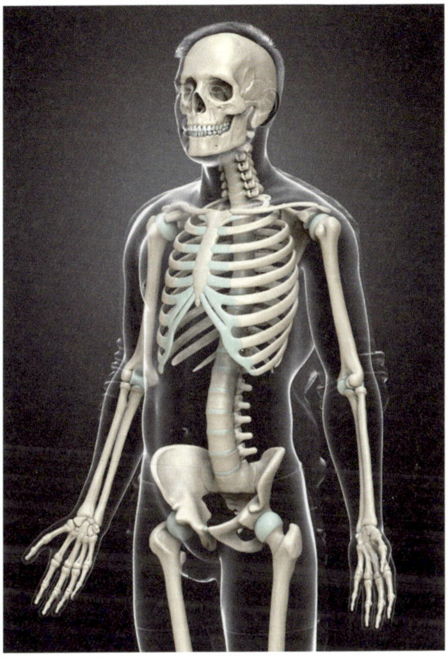

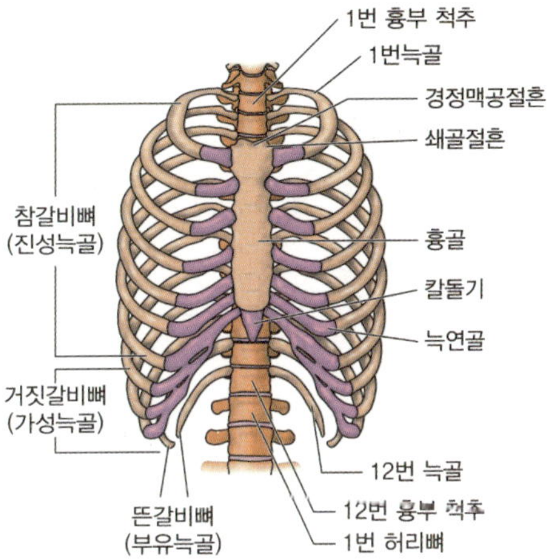

[그림 2-17] 가슴우리뼈대

(4) 팔뼈대(bones of the upper limbs)

팔이음뼈(shoulder girdle 또는 pectoral girdle)와 팔뼈, 손목뼈, 손허리뼈, 손가락뼈로 나누어진다. 팔이음뼈는 빗장뼈(쇄골, clavicle) 2개와 어깨뼈(견갑골, scapula) 2개로 구성되고 팔뼈는 위팔뼈(상완골, humerus) 2개, 노뼈(요골, radius) 2개, 자뼈(척골, ulna) 2개, 손목뼈(carpals) 8개, 손허리뼈(metacatpals) 5개, 손가락뼈(phalanges) 14개로 구성되어 있다.

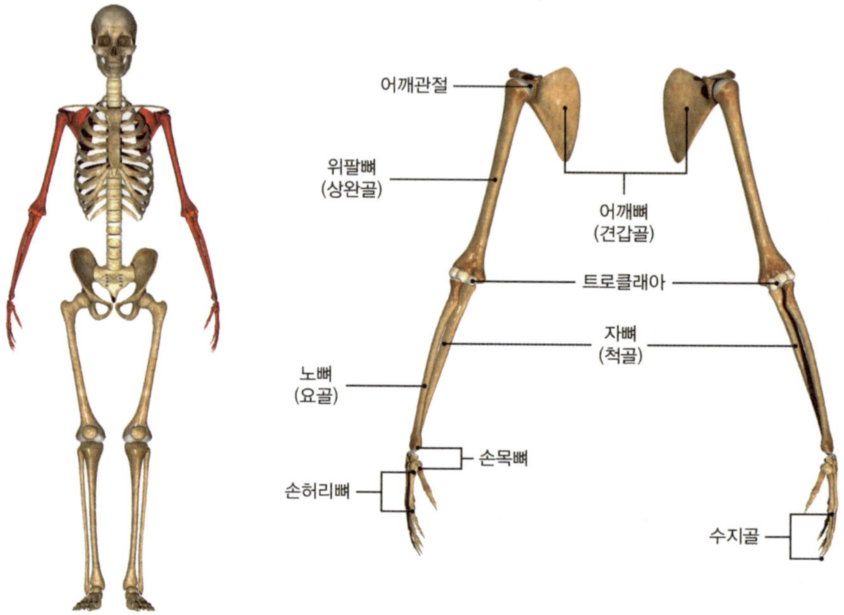

[그림 2-18] 위팔뼈(앞면)

(5) 다리뼈대(bones of the lower limbs)

다리이음뼈(pelvic girdle)와 다리뼈, 발목뼈, 발허리뼈, 발가락뼈로 나누어진다. 다리이음뼈는 엉덩뼈(장골, ilium) 2개, 궁둥뼈(좌골, ischium) 2개, 두덩뼈(치골, pubis) 2개로 구성되고 다리뼈는 넙다리뼈(femur) 2개, 무릎뼈(patella) 2개, 정강뼈(tibia) 2개, 종아리뼈(fibula) 2개, 발목뼈(tarsals) 7개, 발허리뼈(metatarsals) 5개, 발가락뼈(phalanges) 14개로 구성되어 있다.

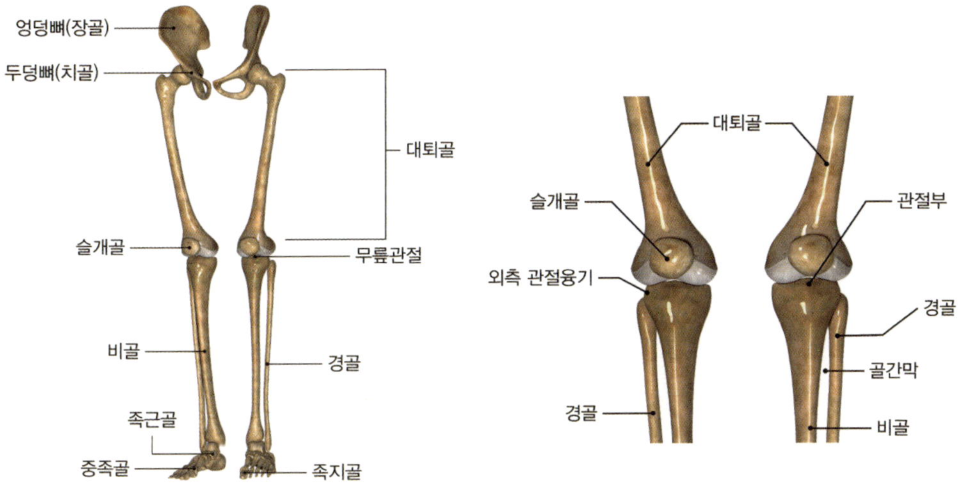

[그림 2-19] 다리뼈대

2 근육의 구조와 기능

근육조직은 가늘고 긴 근세포로 이루어져 있다. 근육세포들의 결합조직으로 수축 운동을 통하여 인체가 움직일 수 있도록 특성화된 조직, 근육 섬유, 근육 세포, 결합 조직과 세포외 조직으로 구성되어 있다. 근육은 중배엽의 줄기세포에서 발현되는 조직이며 흥분성, 수축성, 탄력성, 신장성, 전도성의 특징을 가지고 있다.

1) 근육의 종류

근육은 골격근육, 심장근육, 내장근육으로 구분되어 있으며 각각의 위치에서 힘을 만들어 내고 움직임을 유발하는 기능을 한다. 심장근육과 내장근육은 수축을 조절할 수 없는 불수의근으로 심장이 수축하여 혈액을 순환하도록 하고 소화기관이 연동운동을 통해 음식물을 이동하도록 하는 등의 생명활동에 꼭 필요한 근육이다. 골격근육은 수의근으로 안구를 움직이고 허벅지 근육을 수축하는 등 몸을 미세하게 조절하고 움직이도록 하는 역할을 한다. 수의근에는 빠르게 수축하는 근섬유(빠른 연축근섬유, 속근섬유)와 느리게 수축하는 근섬유(느린 연축근섬유, 지근섬유) 두 가지가 존재한다. 느리게 수축하는 근섬유는 지구력이 좋아 오랫동안 수축을 유지할 수 있지만 큰 힘을 낼 수 없고 빠르게 수축하는 근섬유는 쉽게 피로해 지지만 빠르고 힘 있게 수축할 수 있는 특징을 가지고 있다.

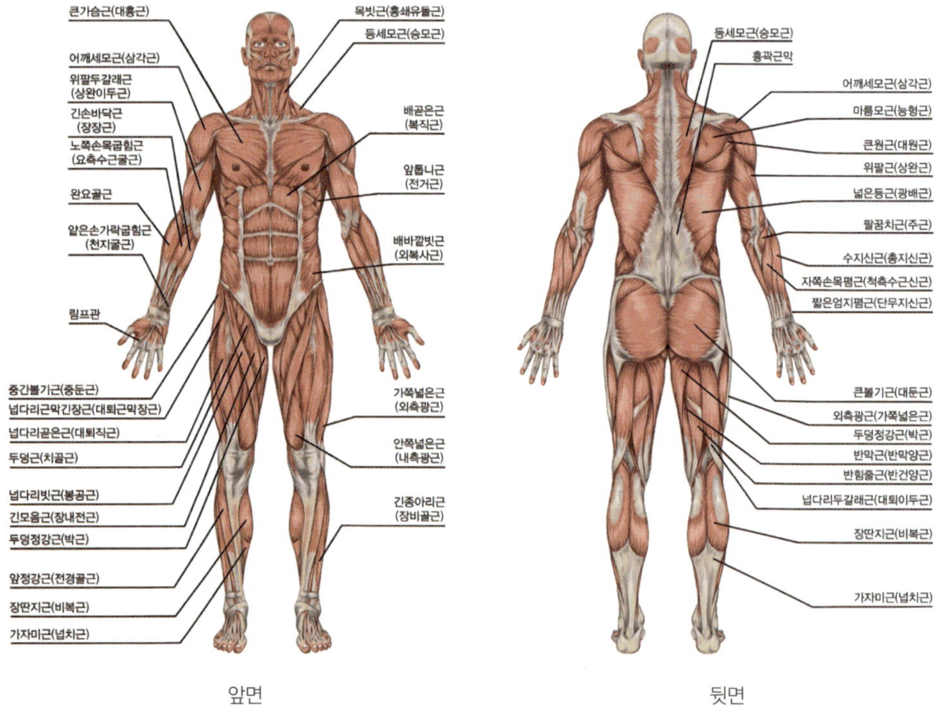

[그림 2-20] 근육의 구성

2) 뼈대 근육의 특성

골격근육은 근육 바깥막으로 싸여 있고 근육 다발막이라는 결체 조직막에 의하여 주위 조직과 구분되며 이 결체 조직막은 근육 내로 들어가 근육섬유막을 형성한다. 근육의 양끝은 대부분 힘줄에 의해 뼈에 연결되어 있고 일부는 직접 뼈에 붙어 있다. 근육을 구성하는 세포들 사이에는 모세혈관, 감각신경, 운동신경이 있다. 체중의 40% 정도를 차지하는 골격 근육은 기본적으로 근육세포인 근섬유로 구성된다. 하나의 근육은 수천 개의 근섬유로 구성되어 있는데 그 직경은 50~100㎛ 정도이고 길이는 근육의 종류에 따라 다양하여 2~3mm로부터 30cm에까지 이르고 있다. 근섬유의 세포막인 근육속막(근초)은 화학적, 전기적 자극에 의해 흥분되며 신호를 전달하는 특성이 있다.

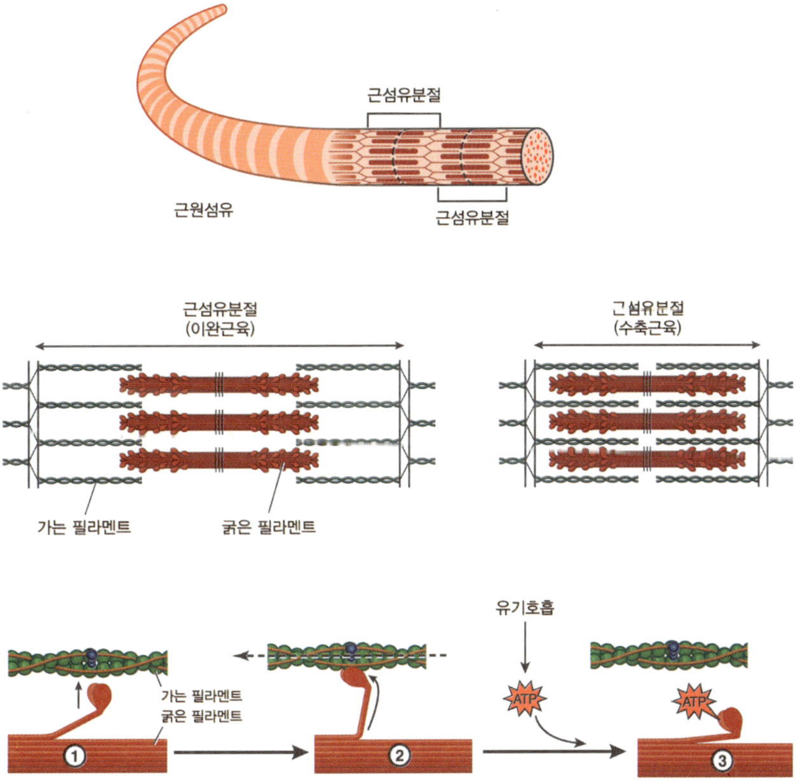

[그림 2-21] 얇고 두꺼운 필라멘트와 기계 수축 메커니즘을 보여주는 근육의 세부

3) 근육의 기능

근육의 가장 중요한 기능은 운동이다. 운동은 근육의 수축을 통해 나타나는데, 근육 수축의 기전은 주로 헉슬리가 주장한 근활주설(sling-filament theory)로 설명한다. 많은 근절들은 근원섬유 내에 직렬로 연결되어 있고 액틴으로 구성된 가는 근육 미세섬유가 마이오신으로 되어 있는 굵은 근육 미세섬유의 중앙으로 미끄러져 들어와 근절의 길이가 짧아지면서 근육의 길이가 짧아지며 수축 운동을 한다. 근육은 몸의 지지 및 자세를 유지하고 열을 발생시키며 장기를 지지하는 기능이 있다.

4) 신체를 구성하는 근육의 명칭

- 평편근(건막포함)(flat muscle with aponeurosis)
- 단익상근(unipennate muscle)
- 쌍익상근(bipennate muscle)
- 다우상근(multipennate muscle)
- 방추상근(fusiform muscle)
- 방형근(quadrate muscle)
- 환상근(괄약근)(circular(sphincter) muscle)

5) 신체의 근육

전신의 근육(전면)

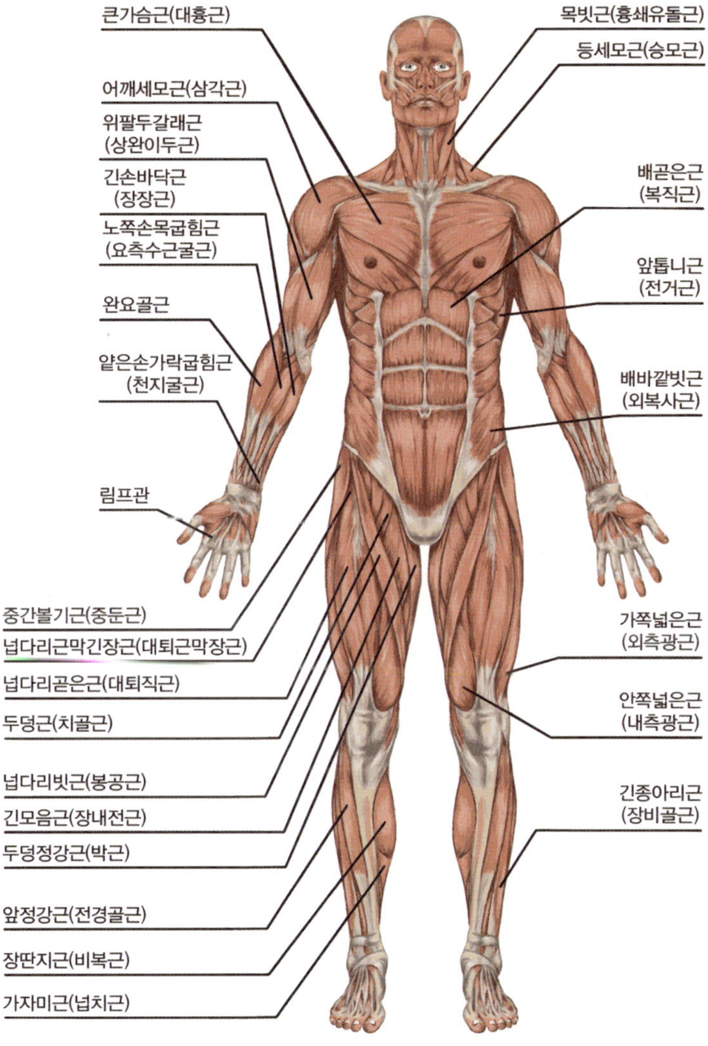

전신의 근육(후면)

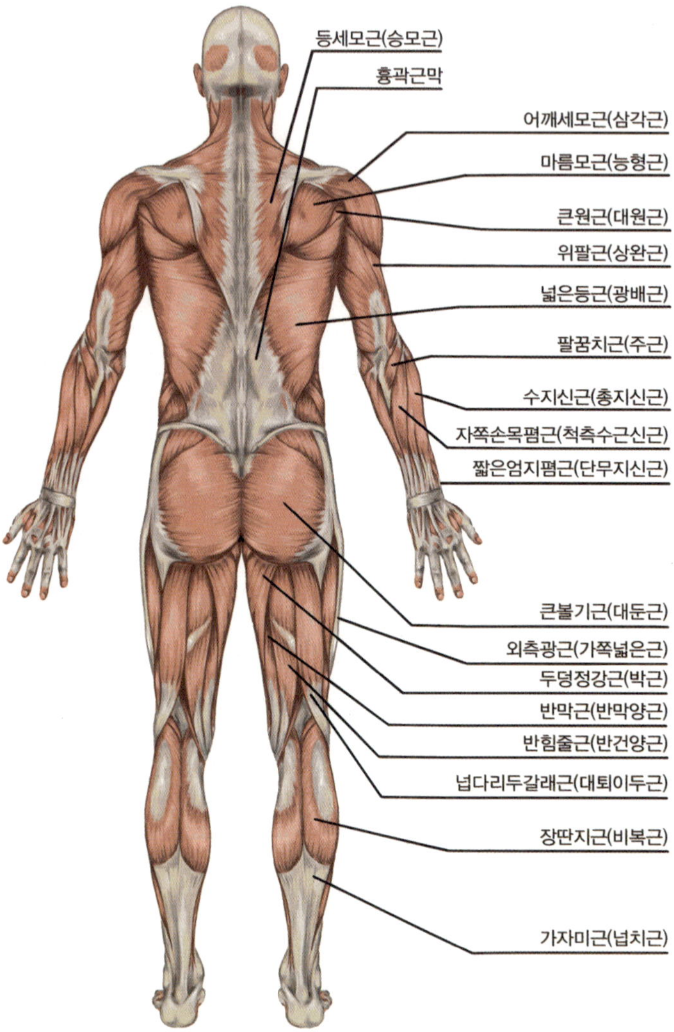

등세모근(승모근)
흉곽근막
어깨세모근(삼각근)
마름모근(능형근)
큰원근(대원근)
위팔근(상완근)
넓은등근(광배근)
팔꿈치근(주근)
수지신근(총지신근)
자쪽손목폄근(척측수근신근)
짧은엄지폄근(단무지신근)
큰볼기근(대둔근)
외측광근(가쪽넓은근)
두덩정강근(박근)
반막근(반막양근)
반힘줄근(반건양근)
넙다리두갈래근(대퇴이두근)
장딴지근(비복근)
가자미근(넙치근)

얼굴안면근육(전면)

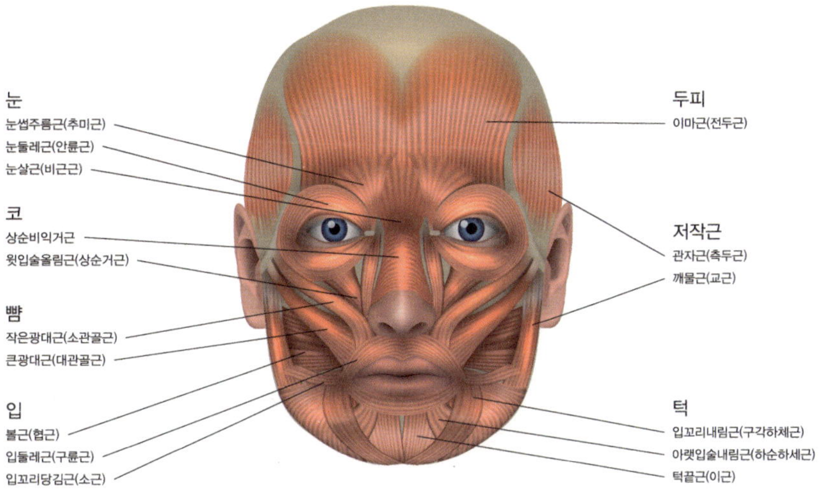
눈
눈썹주름근(추미근)
눈둘레근(안륜근)
눈살근(비근근)
코
상순비익거근
윗입술올림근(상순거근)
뺨
작은광대근(소관골근)
큰광대근(대관골근)
입
볼근(협근)
입둘레근(구륜근)
입꼬리당김근(소근)
두피
이마근(전두근)
저작근
관자근(측두근)
깨물근(교근)
턱
입꼬리내림근(구각하체근)
아랫입술내림근(하순하세근)
턱끝근(이근)

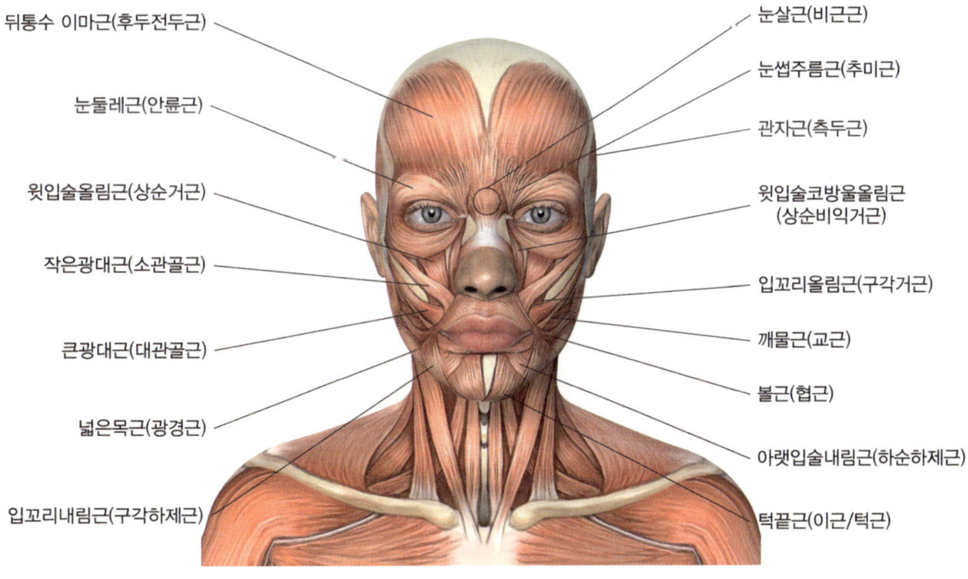
뒤통수 이마근(후두전두근)
눈둘레근(안륜근)
윗입술올림근(상순거근)
작은광대근(소관골근)
큰광대근(대관골근)
넓은목근(광경근)
입꼬리내림근(구각하제근)
눈살근(비근근)
눈썹주름근(추미근)
관자근(측두근)
윗입술코방울올림근
(상순비익거근)
입꼬리올림근(구각거근)
깨물근(교근)
볼근(협근)
아랫입술내림근(하순하제근)
턱끝근(이근/턱근)

얼굴안면근육(측면)

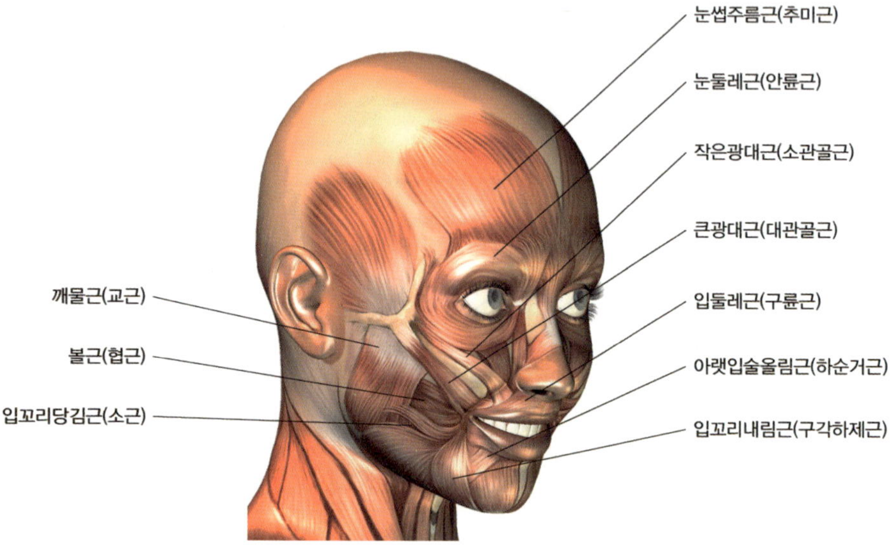

눈썹주름근(추미근)
눈둘레근(안륜근)
작은광대근(소관골근)
큰광대근(대관골근)
입둘레근(구륜근)
아랫입술올림근(하순거근)
입꼬리내림근(구각하제근)
깨물근(교근)
볼근(협근)
입꼬리당김근(소근)

목근육(앞)

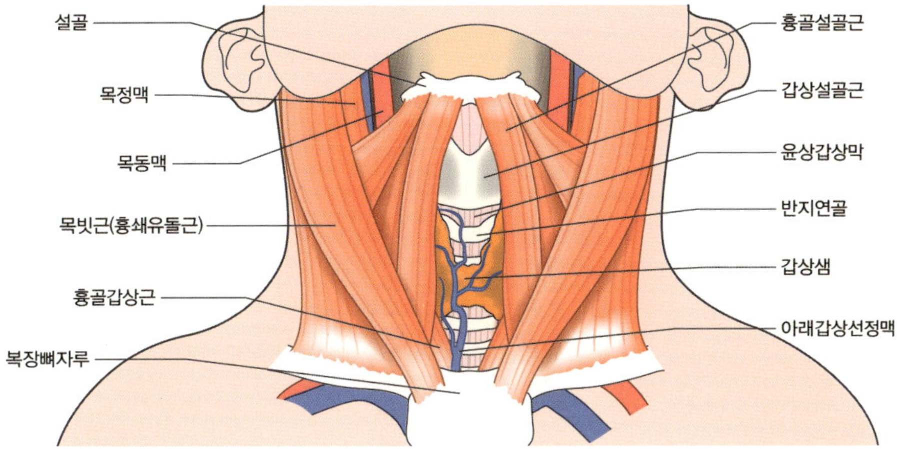
설골
목정맥
목동맥
목빗근(흉쇄유돌근)
흉골갑상근
복장뼈자루
흉골설골근
갑상설골근
윤상갑상막
반지연골
갑상샘
아래갑상선정맥

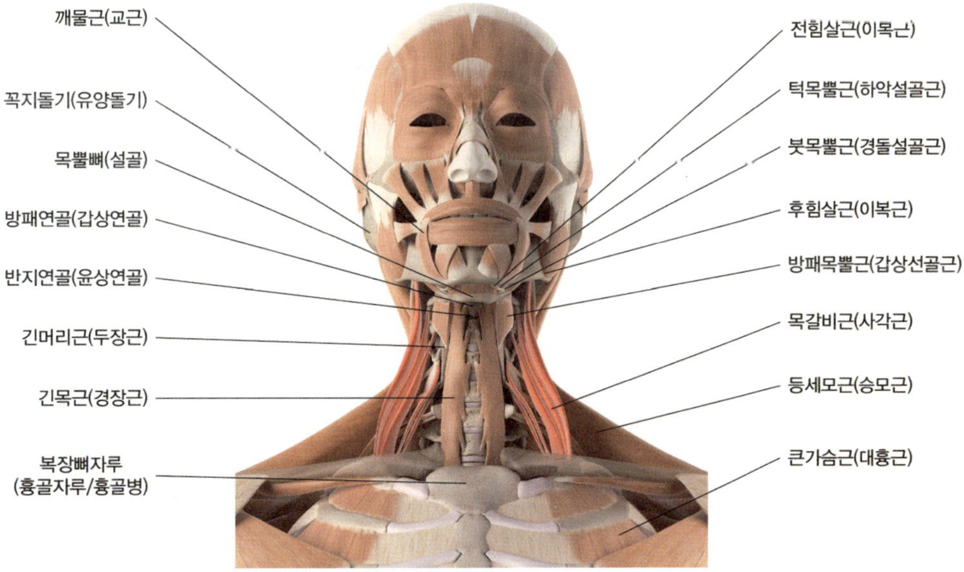
깨물근(교근)
꼭지돌기(유양돌기)
목뿔뼈(설골)
방패연골(갑상연골)
반지연골(윤상연골)
긴머리근(두장근)
긴목근(경장근)
복장뼈자루
(흉골자루/흉골병)
전힘살근(이복근)
턱목뿔근(하악설골근)
붓목뿔근(경돌설골근)
후힘살근(이복근)
방패목뿔근(갑상선골근)
목갈비근(사각근)
등세모근(승모근)
큰가슴근(대흉근)

목근육(뒤)

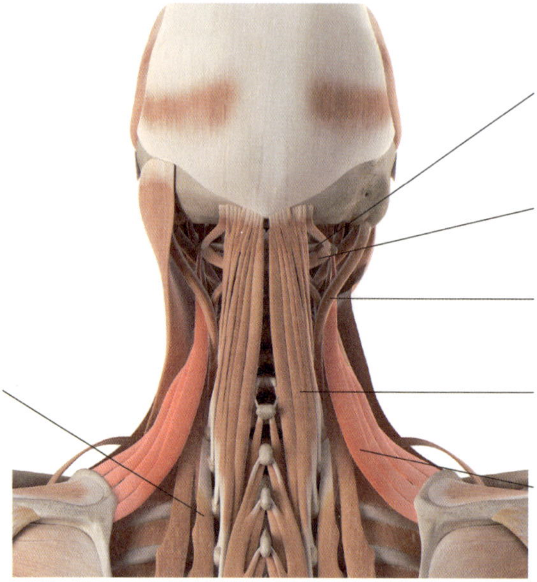
윗머리빗근(상두사근)
아랫머리빗근(하두사근)
머리가장긴근(두최장근)
뒷목갈비근(후사각근)
머리반가시근(두반극근)
어깨올림근(견갑거근)

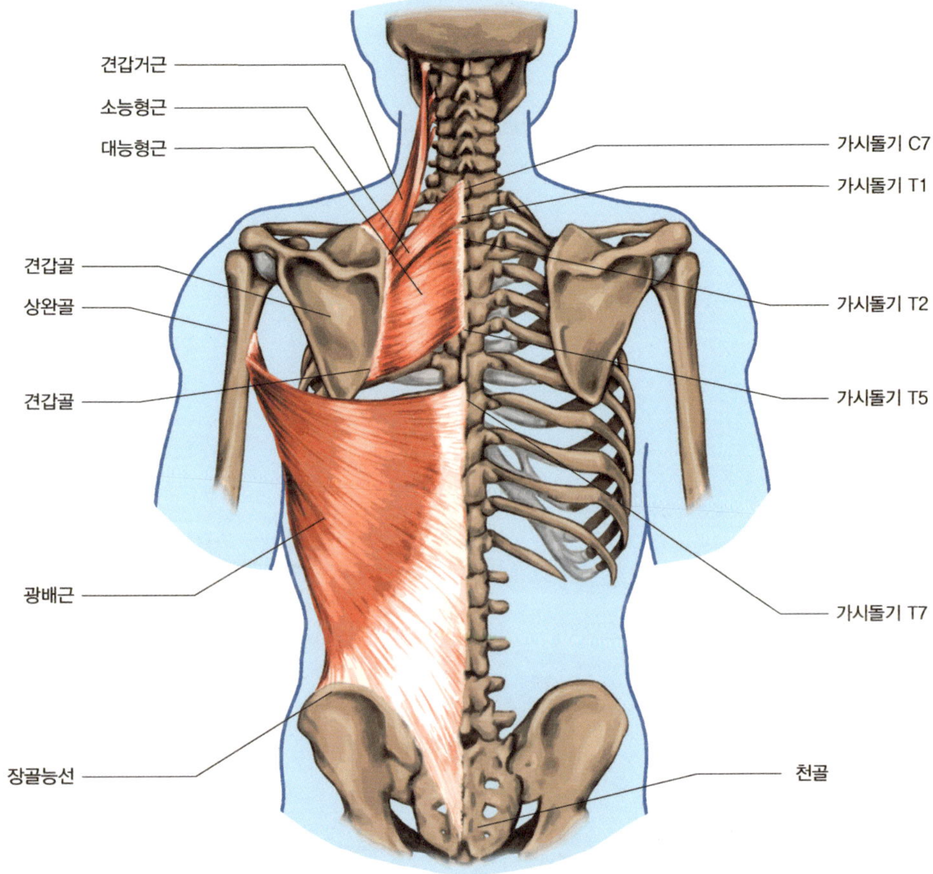
견갑거근
소능형근
대능형근
견갑골
상완골
견갑골
광배근
장골능선
가시돌기 C7
가시돌기 T1
가시돌기 T2
가시돌기 T5
가시돌기 T7
천골

팔근육(상완의근)외측면

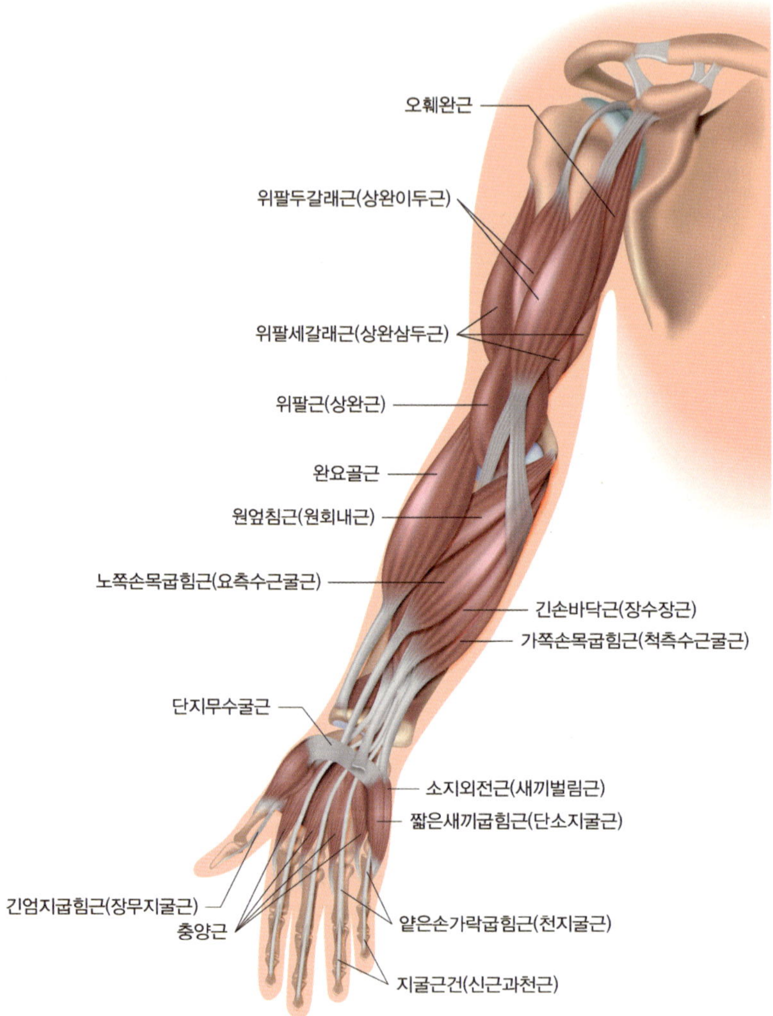

오훼완근
위팔두갈래근(상완이두근)
위팔세갈래근(상완삼두근)
위팔근(상완근)
완요골근
원엎침근(원회내근)
노쪽손목굽힘근(요측수근굴근)
긴손바닥근(장수장근)
가쪽손목굽힘근(척측수근굴근)
단지무수굴근
소지외전근(새끼벌림근)
짧은새끼굽힘근(단소지굴근)
긴엄지굽힘근(장무지굴근)
충양근
얕은손가락굽힘근(천지굴근)
지굴근건(신근과천근)

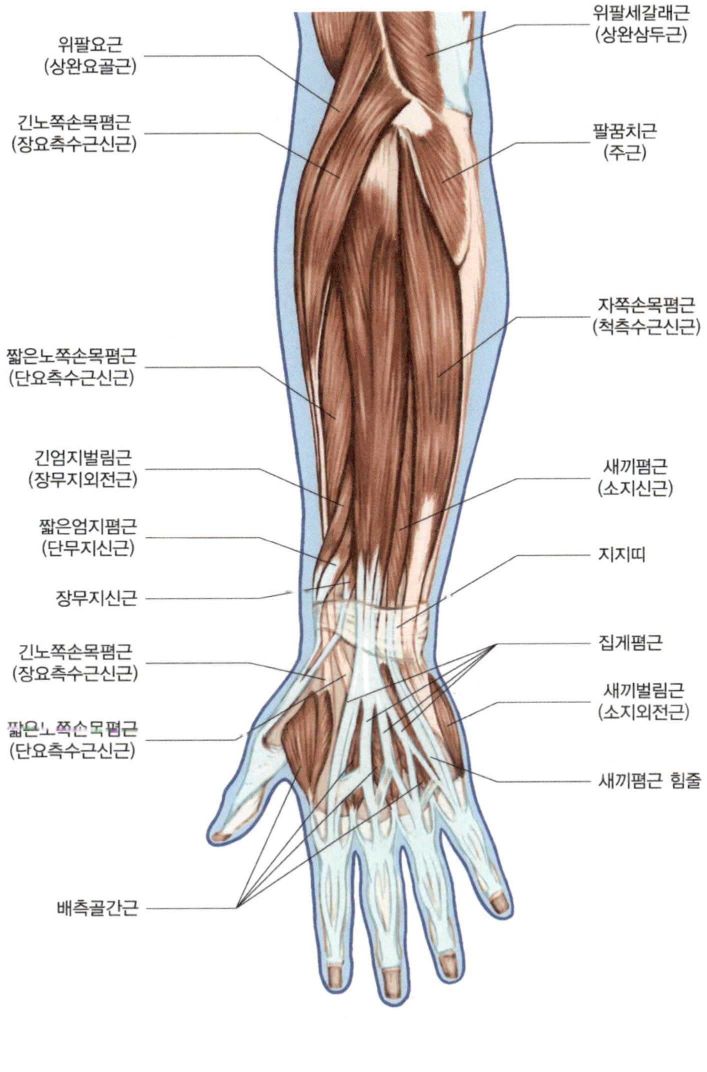

위팔요근
(상완요골근)
긴노쪽손목폄근
(장요측수근신근)
짧은노쪽손목폄근
(단요측수근신근)
긴엄지벌림근
(장무지외전근)
짧은엄지폄근
(단무지신근)
장무지신근
긴노쪽손목폄근
(장요측수근신근)
짧은노쪽손목폄근
(단요측수근신근)
배측골간근
위팔세갈래근
(상완삼두근)
팔꿈치근
(주근)
자쪽손목폄근
(척측수근신근)
새끼폄근
(소지신근)
지지띠
집게폄근
새끼벌림근
(소지외전근)
새끼폄근 힘줄

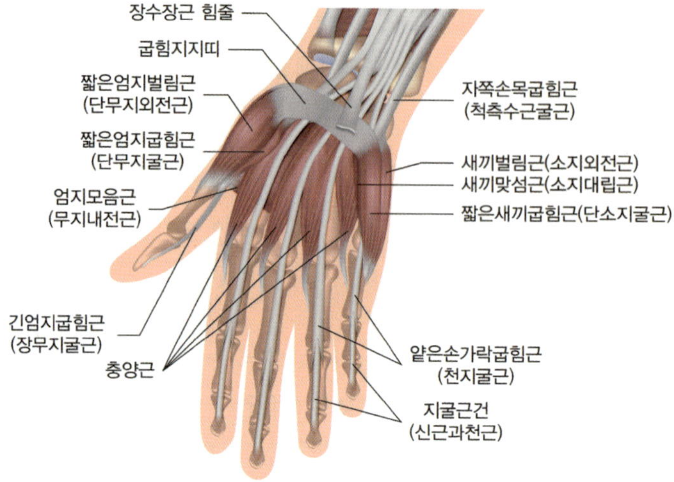
장수장근 힘줄
굽힘지지띠
짧은엄지벌림근
(단무지외전근)
짧은엄지굽힘근
(단무지굴근)
엄지모음근
(무지내전근)
긴엄지굽힘근
(장무지굴근)
충양근
자쪽손목굽힘근
(척측수근굴근)
새끼벌림근(소지외전근)
새끼맞섬근(소지대립근)
짧은새끼굽힘근(단소지굴근)
얕은손가락굽힘근
(천지굴근)
지굴근건
(신근과천근)

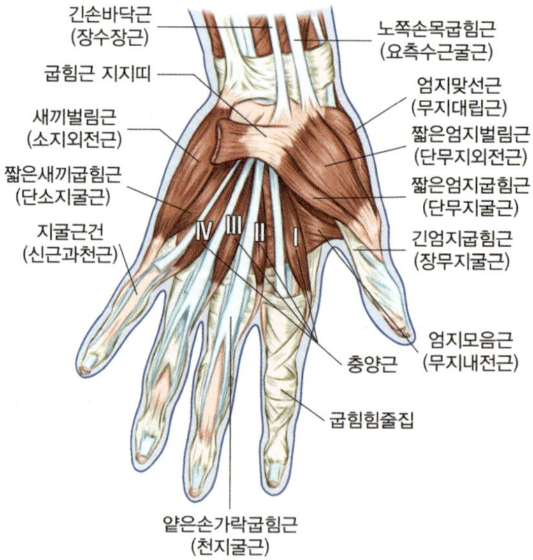
긴손바닥근
(장수장근)
굽힘근 지지띠
새끼벌림근
(소지외전근)
짧은새끼굽힘근
(단소지굴근)
지굴근건
(신근과천근)
IV
III
II
I
노쪽손목굽힘근
(요측수근굴근)
엄지맞선근
(무지대립근)
짧은엄지벌림근
(단무지외전근)
짧은엄지굽힘근
(단무지굴근)
긴엄지굽힘근
(장무지굴근)
엄지모음근
(무지내전근)
충양근
굽힘힘줄집
얕은손가락굽힘근
(천지굴근)

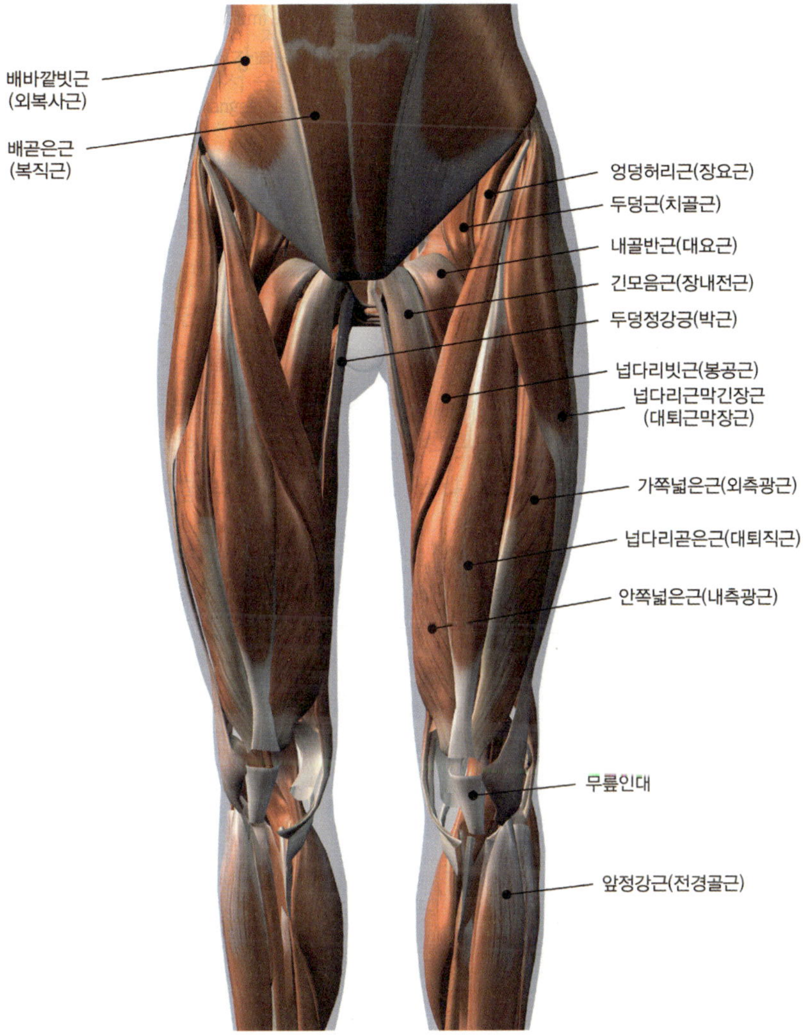
배바깥빗근
(외복사근)
배곧은근
(복직근)
엉덩허리근(장요근)
두덩근(치골근)
내골반근(대요근)
긴모음근(장내전근)
두덩정강긍(박근)
넙다리빗근(봉공근)
넙다리근막긴장근
(대퇴근막장근)
가쪽넓은근(외측광근)
넙다리곧은근(대퇴직근)
안쪽넓은근(내측광근)
무릎인대
앞정강근(전경골근)

전면

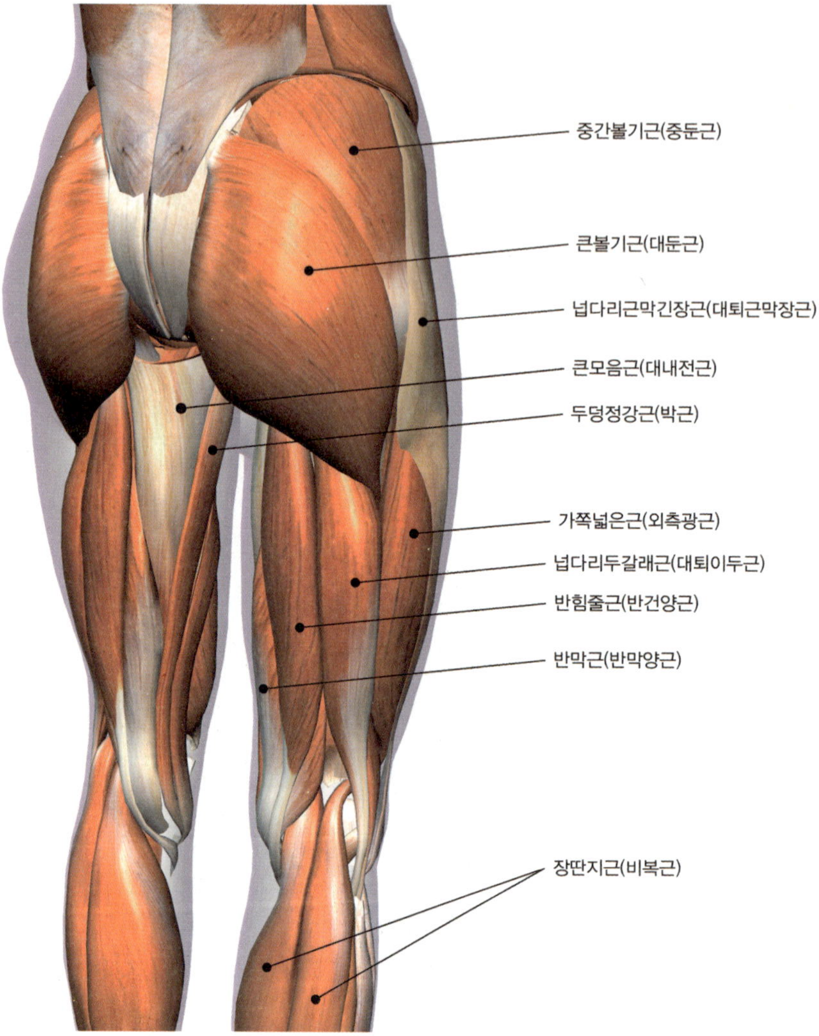
중간볼기근(중둔근)
큰볼기근(대둔근)
넙다리근막긴장근(대퇴근막장근)
큰모음근(대내전근)
두덩정강근(박근)
가쪽넓은근(외측광근)
넙다리두갈래근(대퇴이두근)
반힘줄근(반건양근)
반막근(반막양근)
장딴지근(비복근)

후면

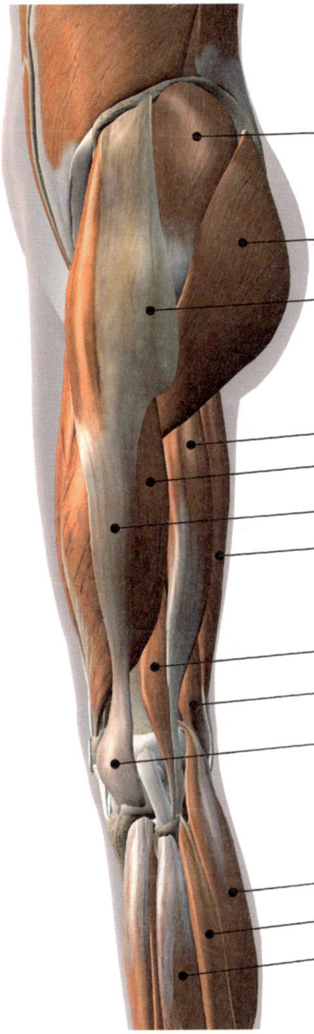
중간볼기근
(중둔근)
큰볼기근
(대둔근)
넙다리근막긴장근
(대퇴근막장근)
긴넙다리두갈래근
(장대퇴이두근)
가쪽넓은근(외측광근)
장경대
반힘줄근(반건양근)
짧은넙다리두갈래근
(단대퇴이두근)
반막근(반막양근)
슬개골
장딴지근(비복근)
가자미근(넙치근)
긴종아리근(장비골근)

측면

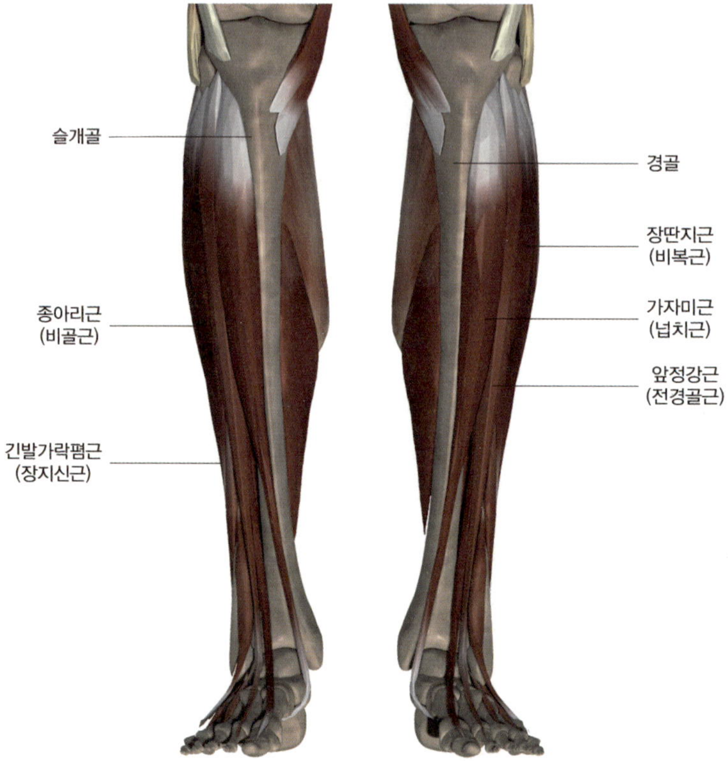
슬개골
종아리근
(비골근)
긴발가락폄근
(장지신근)
경골
장딴지근
(비복근)
가자미근
(넙치근)
앞정강근
(전경골근)

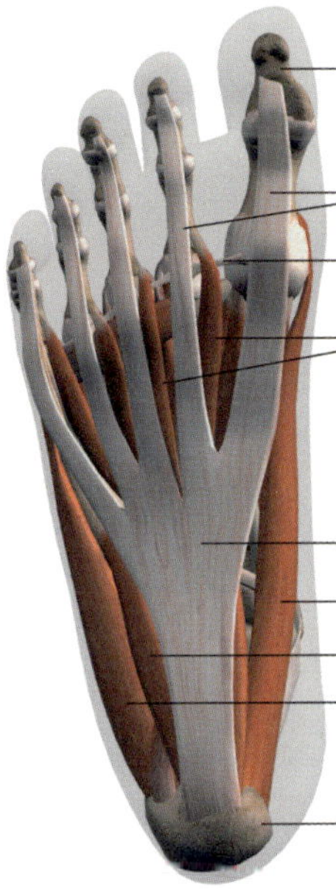
엄지지골
발바닥넓힘줄막
발인대
벌레근
(충양근)
발바닥넓힘줄
엄지벌림근(무지외전근)
짧은발가락굽힘근(단지굴전)
새끼벌림근(소지외전근)
종골

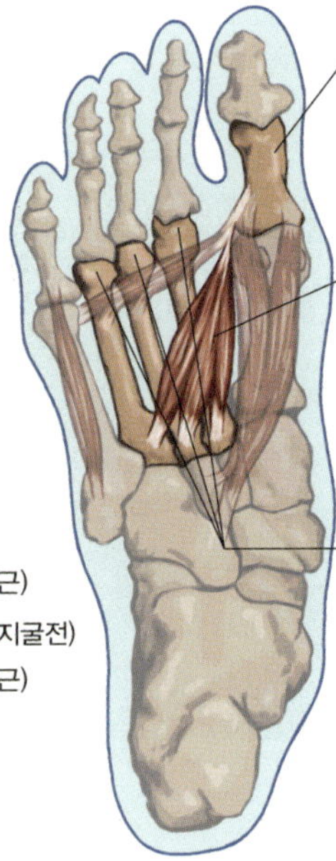
첫마디뼈
엄지모음근
(내전무지근)
긴발가락굽힘근
(장족지굴근)

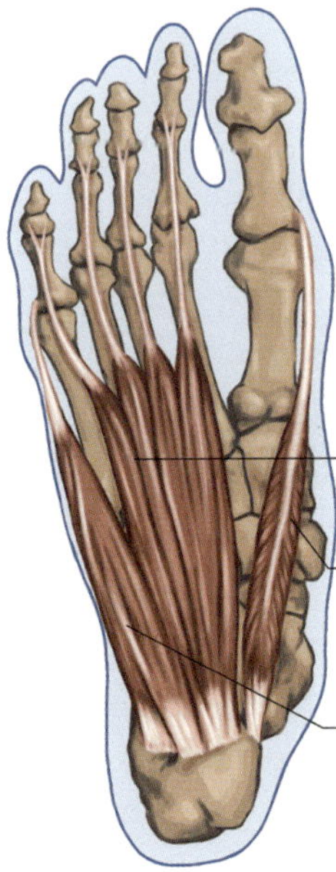
단지줄근
엄지벌림근
(무지외전근)
새끼벌림근
(소지외전근)

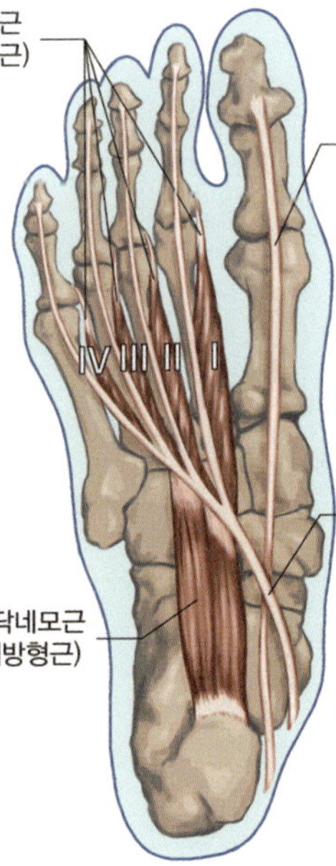
충양근
(벌레근)
긴발가락굽힘근
(장족지무굴근)
IV III II I
장지굴근
발바닥네모근
(족저방형근)

뒷목 등근육

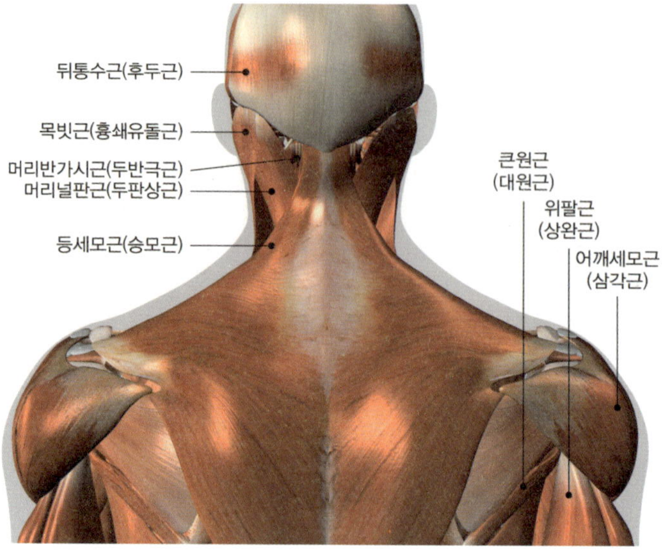
뒤통수근(후두근)
목빗근(흉쇄유돌근)
머리반가시근(두반극근)
머리널판근(두판상근)
등세모근(승모근)
큰원근
(대원근)
위팔근
(상완근)
어깨세모근
(삼각근)

가슴부위

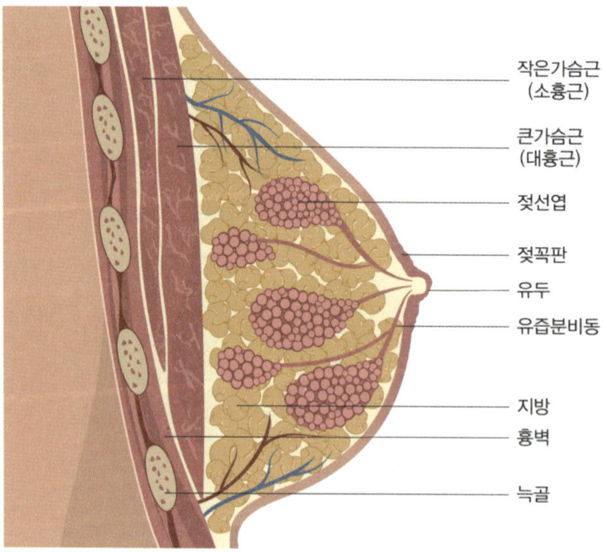
작은가슴근
(소흉근)
큰가슴근
(대흉근)
젖선엽
젖꼭판
유두
유즙분비동
지방
흉벽
늑골

가슴부위 근육

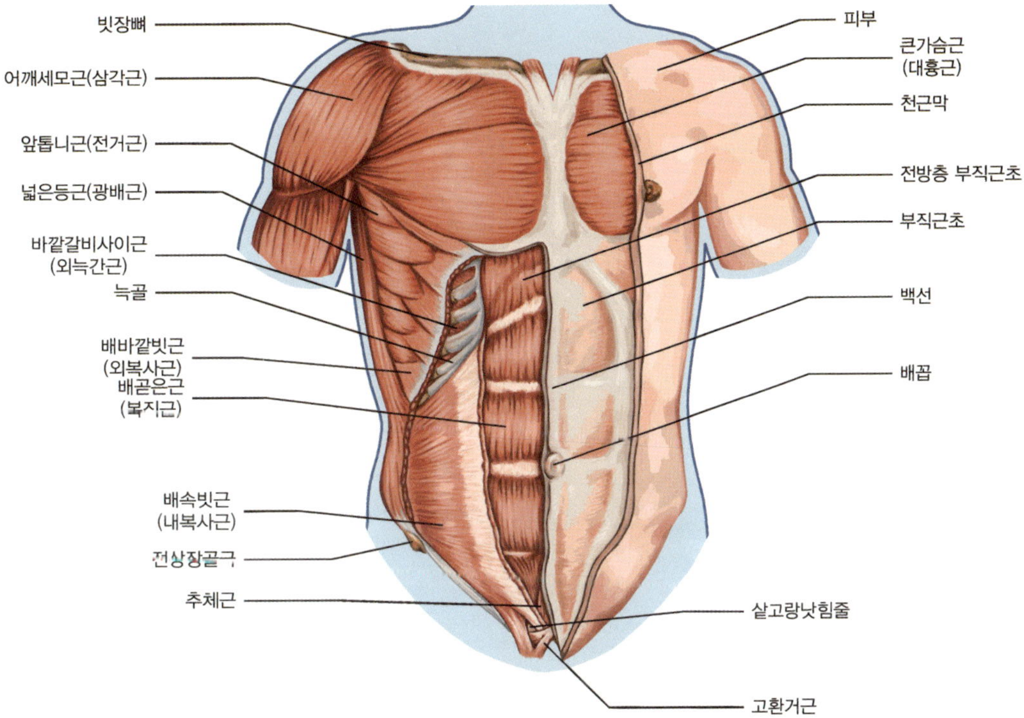

빗장뼈
어깨세모근(삼각근)
앞톱니근(전거근)
넓은등근(광배근)
바깥갈비사이근
(외늑간근)
늑골
배바깥빗근
(외복사근)
배곧은근
(복직근)
배속빗근
(내복사근)
전상장골극
추체근
피부
큰가슴근
(대흉근)
천근막
전방층 부직근초
부직근초
백선
배꼽
샅고랑낫힘줄
고환거근

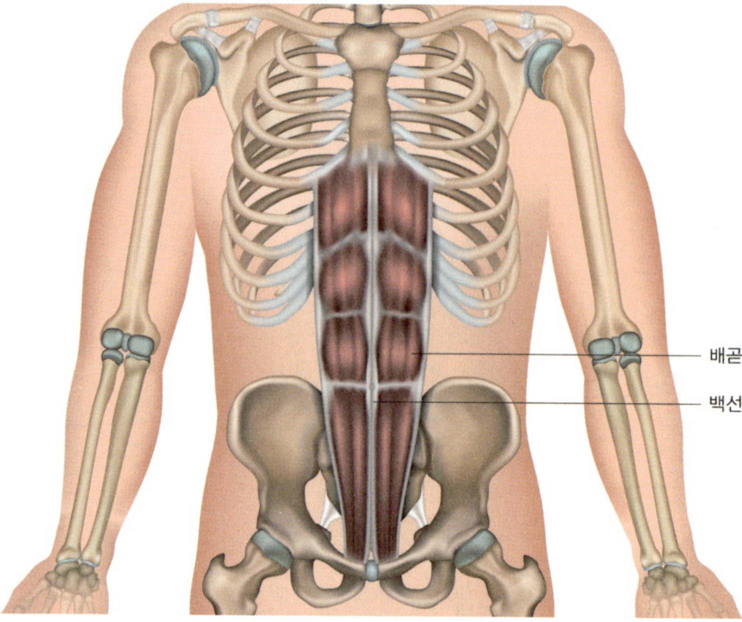
배곧은근(복직근)
백선

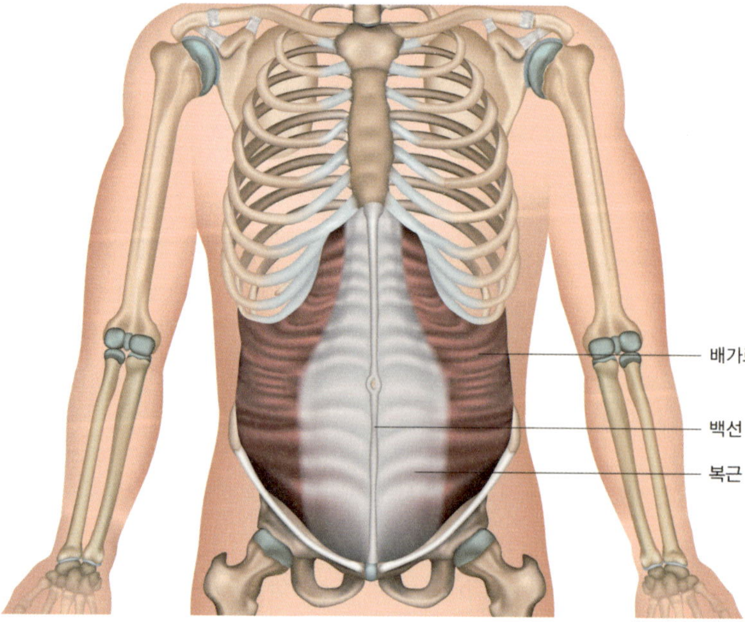
배가로근(복횡근)
백선
복근

복부근육

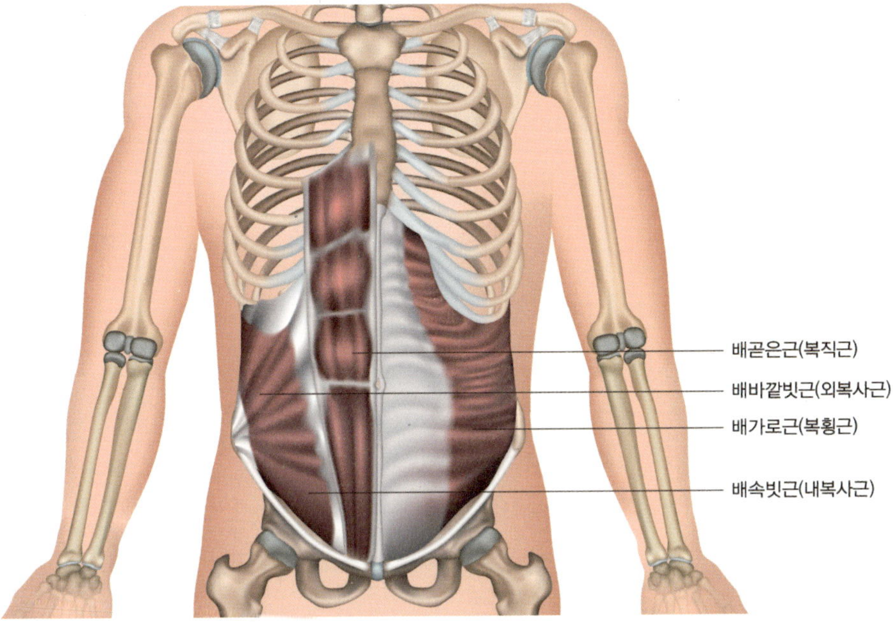

배곧은근(복직근)
배바깥빗근(외복사근)
배가로근(복횡근)
배속빗근(내복사근)

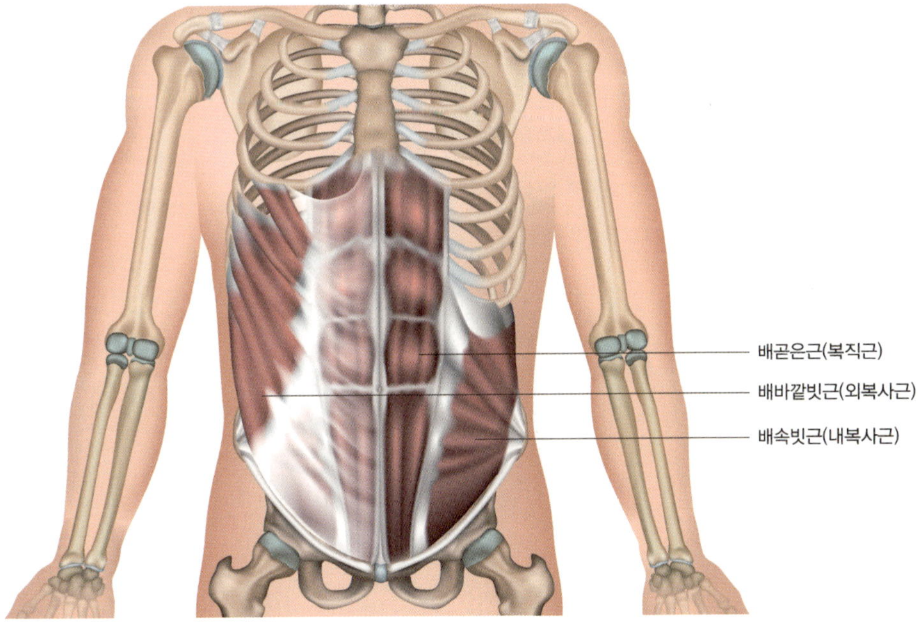

배곧은근(복직근)
배바깥빗근(외복사근)
배속빗근(내복사근)

Ch# 03

순환계(Circulatory system)

뱀부(대나무)테라피 실전에 들어가기 전 인체의 순환계에 대한 기능을 알아두면 인체에 미치는 영향을 이해하고 설명할 수 있다.

순환계란 일정한 관을 통하여 필요한 영양물질과 산소를 공급하는 것이며, 폐와 신장을 통해 이산화탄소와 노폐물을 배출하기도 한다. 순환계의 구성은 혈액, 혈관, 심장이며 폐의 산소를 동맥으로 각 조직에 운반하여 대사 후 생긴 이산화탄소를 정맥을 통해 폐로 운반하는 역할을 한다. 체순환은 심장과 신체 각 조직으로 순환하는 것을 말하며 폐순환은 심장에서 폐로 이동하는 순환이다. 림프순환은 온몸의 림프관으로 이어지는 순환을 말하며 조직에서 생성된 노폐물을 제거하고 체액의 균형유지를 돕는 역할을 한다.

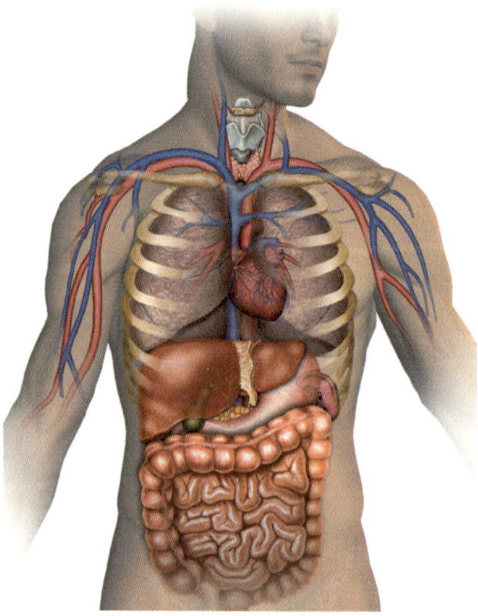

[그림 3-1] 순환

1) 혈액의 순환

혈관계는 혈관과 심장으로 구성되고, 림프계는 모세혈관영역에서 시작하여 흉관으로부터 정맥각에서 혈관계로 통한다. 따라서 이 계는 체내의 모든 세포와 밀접한 관계를 갖고 각 기능에 중요한 영향을 미친다. 척추동물에서 순환계는 혈관계와 림프계로 분류된다.

(1) 혈액

혈액은 혈액 속에 적혈구, 백혈구, 혈소판이 혼합된 것이다. 적혈구는 폐에서 세포로 산소를 운반하고 백혈구는 몸속에 침입한 이물질을 처치하는 인체 방어에 관여하는 세포이며 호중구, 호산구, 호염기구, 림프구 및 단핵구의 5가지 주요 유형으로 세분화된다. 혈소판은 상처가 났을 때 피를 멈추게 하는 조혈작용을 한다. 혈액 또는 림프액을 이동시키므로 외부에서 섭취한 영양분이나 체내에 생긴 호르몬 등을 몸의 각 부위로 배포하고 가스 교환, 노폐물 배출 등의 역할을 담당한다. 수분, 체온, 체액의 균형 조절 및 보호작용을 한다. 1일 5~6L 정도가 신체를 순환하고 혈액의 무게는 전체 몸무게의 5~7%에 해당한다.

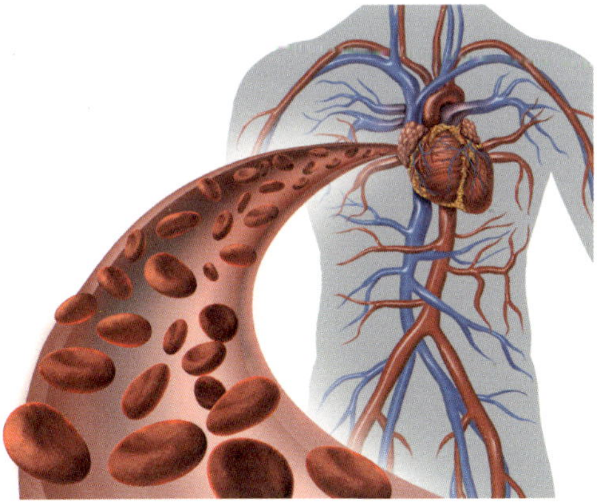

[그림 3-2] 혈액의 순환

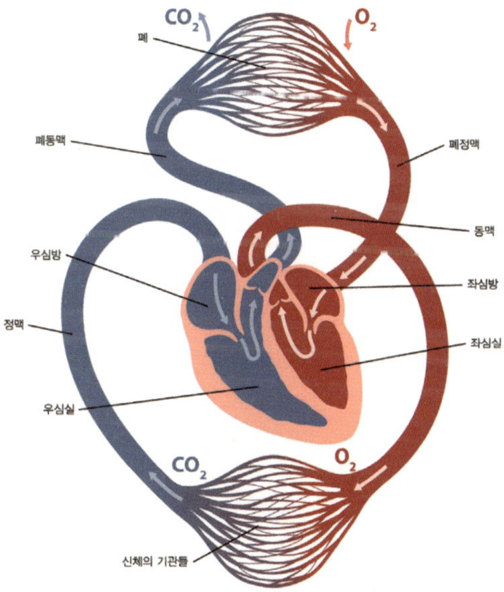

[그림 3-3] 혈액순환구조

(2) 심장(heart)

심장의 무게는 성인이 약 350~600g으로 남자가 여자보다 약간 더 무겁다. 사람의 심장을 나란히 붙어 있는 이층집 두 채로 비유하면, 오른쪽 집은 온몸을 돌고 온 정맥피가 들어와서 폐로 보내지는 곳이고, 왼쪽 집은 폐로부터 산소가 많은 신선한 동맥피가 들어와서 온몸으로 보내지는 곳이라고 생각하면 된다. 오른쪽 이층집의 윗집과 아랫집 사이에는 삼첨판이라는 칸막이가 있고, 왼쪽 이층집의 위와 아랫집 사이에는 이첨판이라는 칸막이가 있어서 혈액이 거꾸로 흐르는 것을 막아준다. 수축과 이완에 의해 심장박동이 나타나는데, 휴식상태에서 심장은 보통 1분에 60~70회 수축한다. 따라서 하루 평균 약 10만 번, 70세를 기준으로 평생 26억 번을 수축한다. 또한 한 번 심장이 수축할 때 대략 80mL 정도의 혈액을 대동맥으로 내보내므로, 1분당 약 5L의 피가 심장을 거쳐 우리 몸을 돌고 40~50초 만에 다시 되돌아오게 된다.

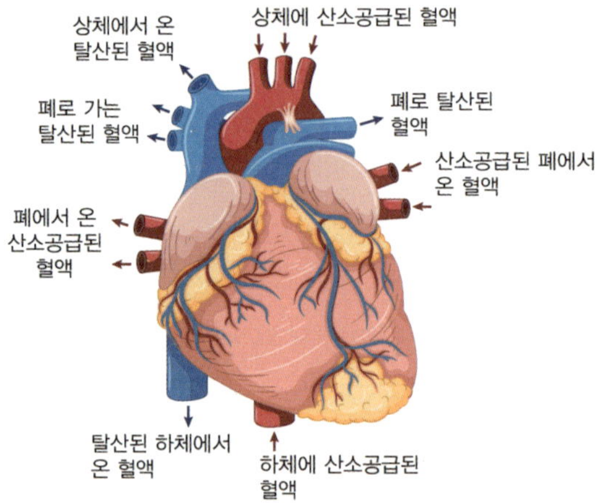

[그림 3-4] 심장의 혈류

(3) 혈관

심장의 좌심실에서 나와 대동맥이 되고, 점차 가지를 쳐서 세동맥 → 모세혈관 → 세정맥이 되며, 점점 모여서 굵은 정맥이 되어 우심방으로 들어간다. 사람의 혈관을 일직선으로 연결한다고 하면 약 10만km에 달하며, 지구를 두 바퀴 반 정도 도는 거리에 해당한다. 혈관의 내강(內腔)은 하나의 닫힌 방으로 연결되어 있으나, 혈관벽의 구조는 부위에 따라 다르다.

순환계(circulatory system)

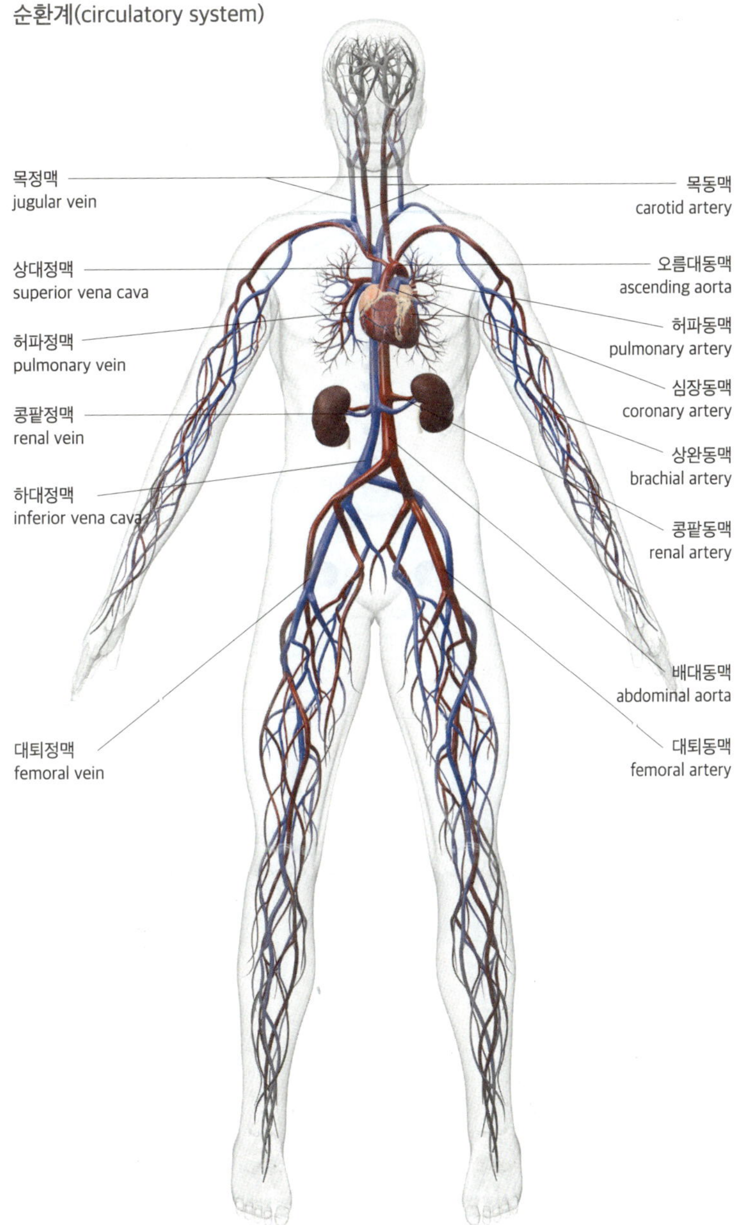

[그림 3-5] 혈관

① 동맥

동맥의 벽은 내막·중막·외막의 세 층으로 되어 있다. 내막은 내피세포(內皮細胞)와 이것을 덮고 있는 탄력성 섬유로 되어 있고 중막은 탄력성 섬유와 고리 모양의 민무늬근으로 되어 있다. 외막은 주로 혈관과 주위의 조직을 연결하는 결합조직으로 되어 있다. 동맥 중에서도 대동맥이나 폐동맥과 같이 굵은 동맥에서는 벽의 탄력성 섬유가 잘 발달되어 있으므로 탄성이 풍부하다. 따라서, 심실에서 밀려나온 혈액에 의하여 혈관벽이 넓어지고, 넓어진 내강에 혈액이 괴지만, 심장으로부터의 박출(拍出)이 끝나도 스스로의 탄성에 의하여 말초에 괸 혈액을 압류(押流)시키므로 단속적인 혈류(血流)를 연속적으로 흐르게 한다.

② 모세혈관

세동맥이 다시 가지를 쳐서 가느다랗게 된 것을 모세혈관이라고 한다. 이곳에서는 근세포나 결합조직도 없고 내피세포만으로 되어 있으므로 혈액은 얇은 내피세포를 중개로 하여 조직과 접하게 되어, 혈관 내외의 물질 교환에 편리한 구조로 되어 있다.

③ 정맥

정맥은 내막·중막·외막의 세 층으로 되어 있는데 민무늬근과 탄력섬유가 적고 결합조직이 많기 때문에 탄력성이 작다. 이 때문에 약간의 내압의 증가로도 잘 전달되며, 혈액저장소의 역할을 한다. 그러나 한편으로는 탄력이 없기 때문에 중력의 영향을 무시할 수가 없다. 예를 들면, 다리의 정맥에서는 혈액속에서 생기는 압력으로 인하여 팽팽하게 늘어나다가 터지겠지만, 정맥의 내강의 군데군데에 정맥판(靜脈瓣)이 있어서 혈액이 쌓이는 것을 방지하고 있다.

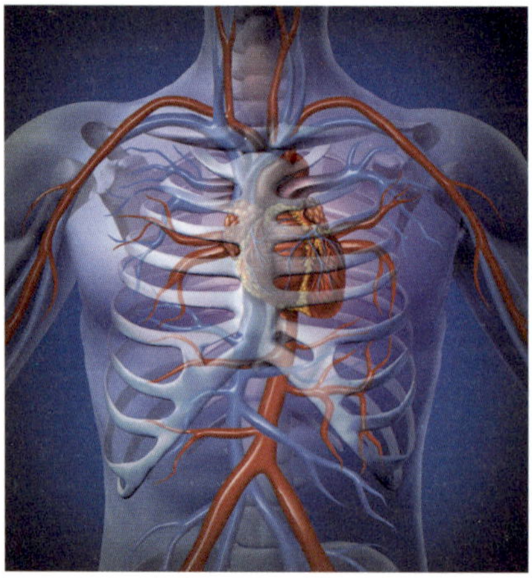

[그림 3-6] 동맥과 정맥의 구조

(4) 심장마비(heart attack)

심장이 기능을 잃으면 심장마비(heart attack)가 일어난다. 심장은 하루에 십만 번 이상 박동을 하며, 이를 위해 심장에도 영양소와 산소가 공급되어야 한다. 심장세포(심근)에 영양소와 산소를 공급해주는 혈관을 관상동맥(coronary artery)이라 하며, 관상동맥이 막히면 심장마비가 일어난다. 동맥경화(atherosclerosis)는 동맥의 내벽이 두꺼워지면서 딱딱해지는 심혈관질환으로 심장마비나 뇌졸중(stroke)의 원인이 된다. 동맥경화는 평활근의 두께가 두꺼워지면서 콜레스테롤이나 섬유성 결합조직이 내벽 안에 축적되어 죽상경화판(atherosclerotic plaque)을 형성하고 심하면 혈관이 막히는 단계로 발전한다. 죽상경화판은 파괴되는 경우에 혈전이 생기기도 하며 혈전으로 인하여 뇌혈관이 막히면 뇌졸중이 된다.

(5) 고혈압

고혈압은 혈압이 정상 혈압보다 높아서 수축기 압이 지속적으로 140 mmHg 이상, 확장기 압이 90 mmHg 이상을 나타내면 고혈압이라 한다. 고혈압은 심장에 부담을 주어 좌심실 비대가 유발되어 심장의 기능을 약화시키며 혈관 벽에 손상을 주어 동맥경화를 유발할 수 있다. 또한 고혈압이 지속되면 심장마비, 뇌졸중, 신장의 기능 이상이 유발된다.

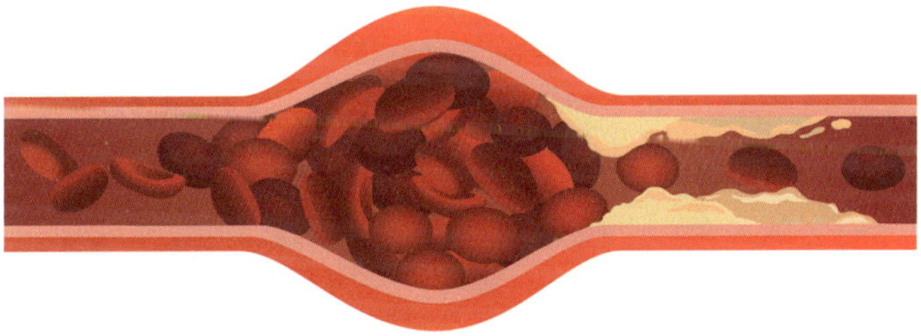

[그림 3-7] 고혈압의 원인

2) 림프(lymph)의 순환

림프(액)는 림프계를 흐르는 무색, 황백색 액체이며 한자로 임파(淋巴)라고 말하기도 한다. 혈액은 동맥에서 모세혈관을 거쳐 정맥으로 순환하고, 일부 혈액이 세포들 사이에 남게 되는데(간질액, 조직액이라 함), 이들이 림프모세혈관으로 모이게 되면 '림프(액)'라고 부른다. 림프(액)는 림프관을 흐르다가 가슴안(흉강)에서 가슴림프관(흉관) 및 오른쪽 림프관으로 모이고 다시 정맥혈관 내로 주입되어 혈류의 일부를 이루게 된다. 전신에 분포하며 가장 굵은 림프관은 가슴림프관과 왼쪽림프관으로 가슴 안에 존재한다. 정상적으로 알칼리성의 무색, 황백색의 액체로 림프구와 기타 백혈구와 같은 세포성분 및 혈장단백질 등 기타 성분으로 구성되어 있다. 소화관에서 영양성분을 운반하는 매개체 역할을 하며 정맥계에 합쳐져 혈액 내로 림프구를 공급한다. 림프구는 조직액에 침투한 세균과 같은 이물질 및 종양 등을 방어하는 작용을 한다. 림프는 원래 모세혈관에서 나온 혈장이 변화하여 세포 사이에 흐르는 조직액이 된 것이다. 혈장은 압력에 의해 모세혈관에서 밀려 나와 조직액과 섞이고 대부분의 조직액은 삼투압에 의해 혈관 내로 돌아가지만 일부는 세포 사이에 남기 때문에 결과적으로 조직액의 양이 점점 증가하게 된다. 이렇게 늘어난 조직액은 림프관 속으로 확산되어 다시 순환계로 돌아오게 된다. 림프계는 조직에 남는 여분의 조직액을 제거하는 기능과 소화된 지방 성분을 혈관까지 운반하는 기능 그리고 면역에 관련된 기능을 한다.

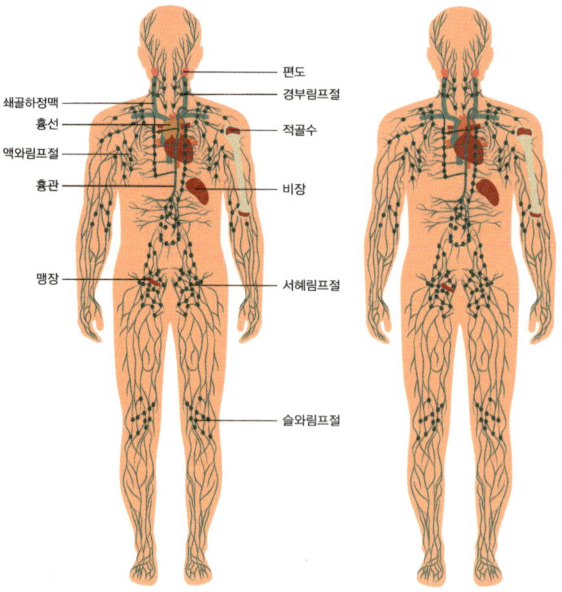

[그림 3-8] 림프계

(1) 림프절(lymph node)

림프절(lymph node)은 림프관을 따라 간격을 두고 나타나는 작은 2차 림프기관으로 림프계를 구성하며 전신에 분포되어 있다. 림프절은 콩 모양으로 인체의 척주 앞 부위와 흉강 및 복강에 있는 큰 혈관의 주위, 장간막이나 목, 겨드랑이 사타구니와 같이 지방세포를 지닌 결합조직이 풍부한 곳에 무리를 지어 분포하고 있다. 림프절은 체내에 침입한 항원이나 암세포 등을 제거하고 T림프구와 B림프구의 증식과 분화를 자극한다. 체내의 조직액(tissue fluid)을 회수하며, 여러 이물질이 혈액으로 유입되는 것을 방지하는 역할도 수행한다.

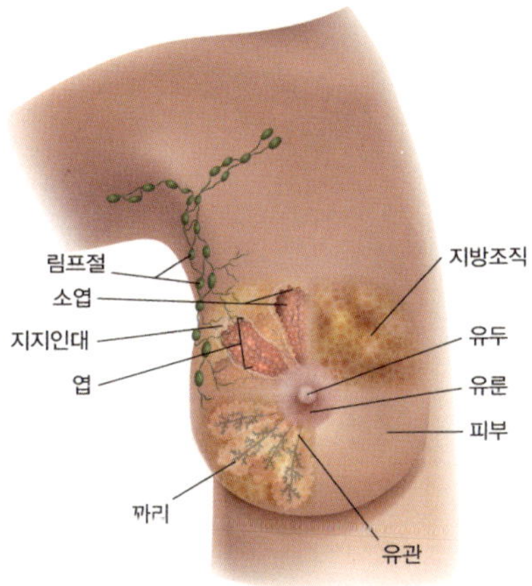

[그림 3-9] 림프절

(2) 림프액

림프관 내에 존재하는 조직액 유래성의 알칼리성 투명한 담황색 액체다. 세포 성분으로서 림프구를 부유시키는 체액으로, 척추동물 혈액의 혈장은 일부가 모세혈관벽에서 조직 속으로 침출(浸出)하여 조직액을 형성하고 그 일부는 다시 모세혈관벽을 통하여 혈액 속으로 되돌아가지만, 나머지는 혈관과는 별도인 모세림프관 속으로 들어가 림프액이 된다. 모세림프관은 동물체내의 거의 모든 기관이나 조직 중에 가는 그물눈을 형성하여 분포하며, 그러한 것이 모여 림프관이 되고 최종적으로는 좌쇄골하정맥에서 합류한다. 이런 경로를 통해 림프액도 결국에는 다시 혈액과 섞이게 된다. 림프액은 원래 혈장에서 기원하므로 그 성상(性狀)도 혈장과 매우 유사하다. 투명하고 약간의 점조성을 띠며, 무색 내지 담황색이고, 소량의 알부민, 글로불린, 당, 요소, 크레아틴 및 무기염 등을 함유한다.

(3) 림프관

림프관은 면역기능을 담당하는 림프구가 함유된 림프액이 이동하는 통로(관)로, 림프절을 서로 연결한다. 림프관은 흉강 내에서 가슴림프관(흉관) 및 왼쪽림프관(좌림프관)으로 모이고 다시 정맥혈관 내로 주입되어 혈류의 일부를 이루게 된다. 전신에 분포하며 림프절을 서로 그물처럼 연결하고 있다. 가장 굵은 림프관은 가슴림프관과 왼쪽림프관으로 가슴안(흉강)에 존재한다. 림프관에는 깊은 목림프관, 오른 림프관, 빗장밑 림프관, 가슴림프관, 얕은 림프관, 깊은 림프관 등이 있다. 림프관의 벽은 내피세포와 민무늬근(평활근), 고유막의 3층으로 구성된 얇은 막으로 이루어져 있고 내부에 판막구조가 있다. 림프관의 내부에는 림프액이 흐르며 림프관은 혈관계와 보조적인 작용을 하며 정맥계로 합류한다. 림프액을 림프절로 운반하는 역할을 하며 내부의 판막구조에 의해 역류가 방지된다.

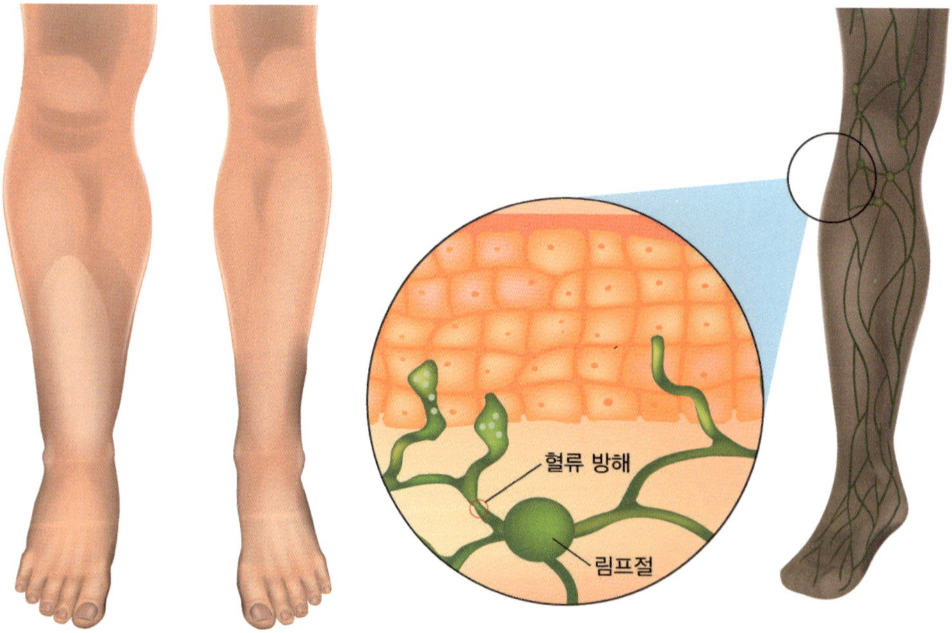

[그림 3-10] 림프부종과 임파종이라고도 알려진 림프부종

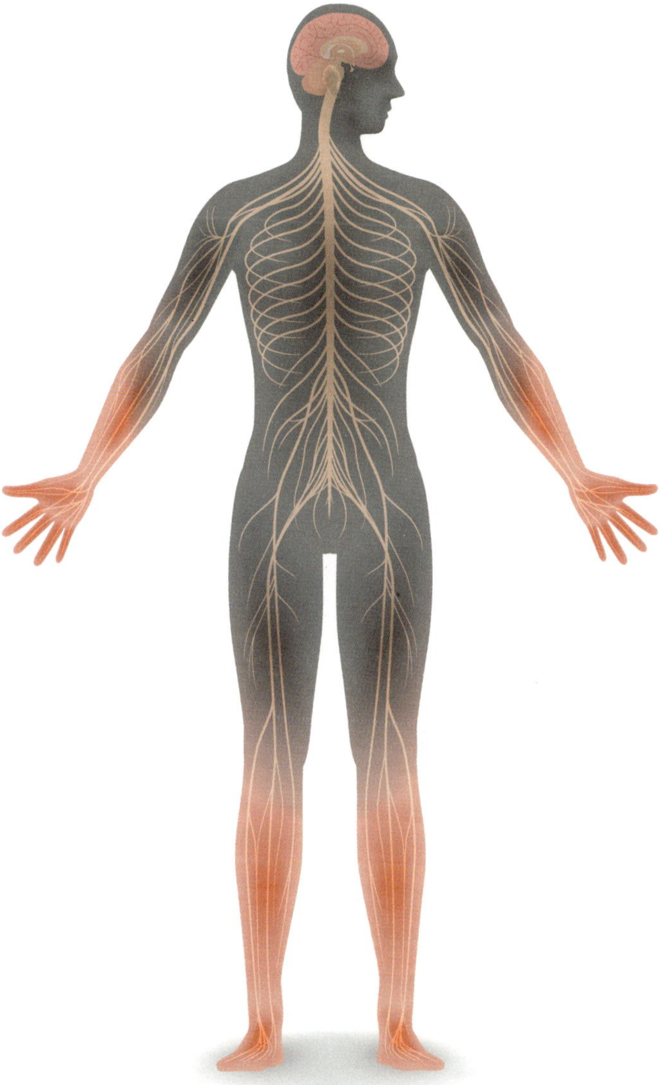

[그림 3-11] 신체 순환

참고문헌

김남연, 김현정, 최신 피부미용학, 도서출판 구민사, 2017

김성중 외 1인, 림프드레나지. 도서출판 ㈜정담미디어, 2012

금유정 외 4인, 피부미용학, 도서출판 구민사, 2014

권혜영 외 6인, 스톤 & 뱀부테라피, 도서출판 메디시언, 2017

남태열, 스웨디시. 도서출판 예림 12, 2007

노순선, 자연이 주는 치유요법 뱀부테라피, 도서출판 훈민사, 2017

손소희 외 2인, 한국형 뱀부테라피, 도서출판 구민사, 2019

이재남 외 2인, 피부과학, 도서출판 구민사, 2017

오홍근, 향기요법, 도서출판 양문출판사, 2000

조수경 외 11인, 몸매관리(NCS), 도서출판 성화, 2019

최윤경 외 2인, 해부생리학, 도서출판 구민사, 2014

김영순 외 2인, 스웨디시 마사지, 도서출판 훈민사, 2008

강나희, 피부미용 대체요법의 인식과 교육 형태에 관한 연구, 숙명여자대학교 원격대학원 향장 미용전공 석사학위논문, 2009

김지현 외 2인, 아시아 마사지테크닉, 건국대학교 한국피부임상과학연구소, 2014

김종현, 대나무 숯 급여가 비육돈의 생산형질,분의 악취가스 저감 및 육질특성에 미치는 영향, 경남과학기술대학교 일반대학원 동물소재공학과 석사학위논문, 2013

김창숙, 재발효청국장 식이와 등 경락마사지가 중년여성의 안면피부와 체형에 미치는 영향, 건국대학교 생물공학과 박사학위논문, 2017

노순선, 인지적 도제학습을 이용한 뱀부테라피 수업지도안개발, 성결대학교 교육대학원 석사학위논문, 2019

박미경, 보완대체요법에 대한 의료인, 입원환자 및 보호자의 인식과 경험 및 수용태도, 가천대학교 간호대학원 석사학위논문, 2012

윤소연, 대나무와 현무암 마사지가 하지 부종 완화에 미치는 영향, 건국대학교 산업대학원 석사학위논문, 2015

임소영, 스톤테라피와 뱀부테라피가 20대 여성 하체 관리에 미치는 영향, 성신여자대학교 뷰티융합대학원, 석사학위논문, 2019

이 관, 롤핑기법과 스웨디시마사지가 경부 근막동통환자에 통증과 근긴장도에 미치는 영향, 남서울대학교대학원 석사학위논문, 2017

이미영, 목부위 뱀부림프드레나지가 안면부종 및 피부상태에 미치는 영향, 창신대학교 미용예술학과 석사학위논문, 2019

이진영, 골드도구 온열 요법이 목, 등 근막이완 및 통증 완화에 미치는 영향, 건국대학교 산업대학원 석사학위논문, 2016

안남훈, 족태양방광경과 족삼음경의 경락마사지가 가임여성의 월경통 완화 및 월경전 증후군에 미치는 효과, 대전대학교

보건스포츠대학원, 석사학위논문, 2010
전숙경, 딥티슈마사지가 헤어미용사의 하지부종과 피하지방 및 피로도에 미치는 효과, 성신여자대학교 문화산업대학원 석사학위논문, 2009
허선희 외 1인, 아로마요법의 비만관리효과에 대한 메타분석, 국제뇌교육종합대학원대학교 뇌교육학과 한국미용학회지, 2017

http://www.krivet.re.kr 한국직업능력개발원
https://www.ncs.go.kr/th01/TH-102-002-01.scdo
https://terms.naver.com/네이버 대한간호학회 간호학대사전
https://terms.naver.com/네이버 금속용어사전
https://terms.naver.com/네이버 지식백과 신상엽
https://terms.naver.com/네이버 지식백과 근육 신체기관정보
https://terms.naver.com/네이버 지식백과 과립층 강영희
https://terms.naver.com/네이버 지식백과 진피
https://terms.naver.com/네이버 지식백과 활액 강영희
https://terms.naver.com/네이버 지식백과 순환계 동물학백과